U0344001

谱写中国梦云南篇章系列丛书

编 委 会

主 任 委 员：李秀领

副主任委员：赵 金 李小三

委 员（按姓氏笔画排序）：

刘立志 李 涛 李 维 李四明 杨 林 杨洪波
杨铭书 杨榆坚 吴 松 何祖坤 张云松 张纪华
张懋功 陈建国 陈鲁雁 罗 杰 和良辉 饶 卫
姜 山 徐体义 徐畅江 郭五代

主 编：赵 金

副 主 编：罗 杰 何祖坤

谱写中国梦云南篇章系列丛书

生态文明排头兵建设

中共云南省委宣传部◎编

人民出版社

云南人民出版社

图书在版编目（ＣＩＰ）数据

生态文明排头兵建设 / 中共云南省委宣传部编. --
昆明：云南人民出版社；北京：人民出版社, 2017.9
（谱写中国梦云南篇章系列丛书）

ISBN 978-7-222-16484-0

Ⅰ.①生… Ⅱ.①中… Ⅲ.①生态环境建设—研究—
云南 Ⅳ.①X321.274

中国版本图书馆CIP数据核字(2017)第224496号

谱 写 中 国 梦 云 南 篇 章 系 列 丛 书

生态文明排头兵建设

中共云南省委宣传部　编

出 品 人	赵石定	
责任编辑	陈浩东　熊　凌	
责任校对	王以富　朱海涛　陈艳芳　范晓芬　李景霞　苏　娅	
装帧设计	林芝玉　杜佳颖　周方亚	
责任印制	陆卫华	

出　版	人 民 出 版 社 云南人民出版社	**开　本**	720×1010　1/16
发　行	云南人民出版社	**印　张**	15
地　址	昆明市环城西路609号	**字　数**	173千
邮　编	650034	**版　次**	2017年9月第1版第1次印刷
网　址	www.ynpph.com.cn	**印　刷**	云南新华印刷一厂
E-mail	ynrms@sina.com	**书　号**	ISBN 978-7-222-16484-0
		定　价	40.00元

如有图书质量及相关问题请与我社联系　总编室：0871-64109126　发行部：0871-64108507
审校部电话：0871-64164626　印制科电话：0871-64191534

总　　序

闯出一条跨越式发展的路子来

中共云南省委书记　陈　豪

习近平总书记2015年1月考察云南并发表重要讲话，深刻阐述了事关云南全局和长远发展的一系列重大问题，为云南改革开放和社会主义现代化建设作出了直接指导、制定了行动纲领。云南省委、省政府团结带领全省4700万各族干部群众，把学习贯彻落实习近平总书记系列重要讲话精神和治国理政新理念新思想新战略以及考察云南重要讲话精神，作为头等大事和长期重大政治任务来抓，努力对标对表，理清发展思路，把准工作重点，攻坚克难，矢志奋斗。

一、牢记闯出一条跨越式发展的路子来的嘱托，坚定贯彻党中央各项决策部署，云南在决战脱贫攻坚、全面建成小康社会的道路上迈出坚实步伐。

习近平总书记指出，实现"两个一百年"奋斗目标，实现中华民族伟大复兴的中国梦，需要云南更好发展。我们把贯彻落实"五位一体"总体布局、"四个全面"战略布局和新发展理念，与贯彻落实总书记对云南提出的"主动服务和融入国家发展战略，闯出一条跨越式发展的路子来，努力成为民族团结进步示范区、生态文明建设排头兵、面向南亚东南亚辐射中心"以及"五个着力"等新要求、新定位、新任务，作为一个整体，一起谋划、一起贯彻、一起落实。强化规划引领，坚持以供给侧结构性改革为主线，以科技创新为引擎，以改革开放为动力，坚持基础设施建设和"两型三化"（开放型、创新型和高端化、信息化、绿色化）现代产业体系构建两手抓、新型城镇化发展和"三农"工作两手抓，全力抓好"五网"基础设施建设5年大会战、重点支柱产业培育壮大、传统产业改造提升、高原特色农业提质增效等重点工作，把"建设创新型云南"融入经济社会发展全过程。全省经济发展稳中有进、稳中向好，地区生产总值2015年增长8.7%，2016年增长8.7%，2017年上半年增长9.5%，各族群众生活水平和各民族发展水平不断提高。

二、牢记创建民族团结进步示范区的嘱托，坚持以人民为中心的发展思想，推动各族人民和睦相处、和衷共济、和谐发展。

云南是全国民族工作任务最重的省份之一。我们牢记习近平总书记创建民族团结进步示范区的嘱托，坚持"在云南，不谋民族工作就不足以谋全局"的指导思想和"各民族都是一家人，一家人都要过上好日子"的信念，把民族地区发展和民族团结进步融入全省发展大局，基础设施、产业发展、基本公共服务等方面的政策、资金和项目更多地向民族地区、边境地区和贫困地区倾斜，建设小康同步、公共服务同质、法治保障同权、民族团结同心、社会和谐同创，奏响民族团结、民族进步合乐。省级财政支出70%以上用于民生保障，启动实施农村危房改造和农村民居地震安全工程，解决和改善了约1164.8万群众住房困难问题，启动实施现代职业教育和县级公立医院及妇女儿童医院扶贫工程，城乡居民基本养老保险制度全面覆盖，鲁甸、景谷地震灾后恢复重建取得决定性成效。把脱贫攻坚作为发展头等大事和第一民生工程，坚持全面攻坚与突出深度贫困地区相结合，"党政领导负主责""五级书记抓扶贫、党政同责促攻坚"，深入实施精准扶贫精准脱贫各项工作，从2012年到2016年，全省减少贫困人口441万人。

三、牢记争当生态文明建设排头兵的嘱托，像保护眼睛一样保护生态环境，着力打造祖国南疆的美丽花园。

习近平总书记特别嘱咐，"生态环境是云南的宝贵财富，也是全国的宝贵财富，一定要世世代代保护好"。我们动员全省、全社会积极行动起来，坚决保护好云南的绿水青山、蓝天白云。坚持保护优先、自然恢复为主，深化巩固林改，注重"森林云南"建设，全省森林覆盖率达59.3%，林地面积达2607万公顷，居全国第二位；着力推进生物多样性保护行动计划，动植物资源均居全国之首。坚持生态环境治理与保护并重，深入实施水、大气、土壤污染防治行动计划，各州（市）政府所在地空气质量平均优良天数达98.3%；切实加强长江、珠江等六大水系和滇池、洱海、抚仙湖等九大高原湖泊保护治理，滇池水质甩掉了劣五类的帽子；大力实施退耕还林还草、煤矿非煤矿山综合治理、湿地保护、生态扶贫等重点项目，被损坏生态日益得以修复。坚持深化改革与示范创建并重，空间规划改革在全省展开，"河长制"全面铺开，环境污染第三方治理、环境监管执法、自然资源资产离任审计试点、水污染防治和水功能区管理等改革取得积极进展；大力开展生态文明建设示范区创建，推动企业、政府和社会共同承担起绿色发展责任。

四、牢记建设面向南亚东南亚辐射中心的嘱托，主动服务和融入国家发展战略，努力把云南打造成为沿边开放的新高地。

习近平总书记明确指出，云南地处祖国西南边疆，是我国连接南亚、东南亚的重要大通道。云南经济要发展，优势在区位、出路在开放。我们把自身发展放在主动服务和融入党和国家工作全局中去思考、去谋划，紧紧围绕"一带一路"倡议，做好内外统筹、双向开放文章。对外面向南亚东南亚和印度洋周边经济圈，积极主动参与中国—中南半岛经济走廊、孟中印缅经济走廊建设以及中国—东盟自由贸易区、澜湄合作机制建设，切实抓好区域性国际经济贸易中心、科技创新中心、金融服务中心和人文交流中心建设，以

"五通"（政策沟通、设施联通、贸易畅通、资金融通、民心相通）为抓手，扎实推进与周边国家互联互通，不断丰富完善会展平台、公共事务平台、"走出去"平台和开放型经济载体，云南与国际国内特别是与周边国家市场联系日趋紧密，合作交往日益密切，利益融合不断深化。对内加强与长江流域、泛珠三角区域、京津冀、成渝经济区和周边省区的交流合作，为内陆省（区、市）和大型央企、民企依托云南沿边开放"走出去"强化服务、搭建平台、当好桥梁纽带，顺势借力加强自身辐射能力建设。

五、牢记从组织上落实从严治党要求的嘱托，切实担负起管党治党政治责任，努力营造风清气正的政治生态和干事创业的从政环境。

白恩培、仇和等严重腐败案件，使云南政治生态和从政环境遭受严重破坏。我们遵照习近平总书记重要指示，坚持发展第一要务和全面从严治党主体责任两手抓、两手都要硬。把思想建党摆在首位，结合云南实际开展"三严三实"和"忠诚干净担当"专题教育，着力解决党员干部中存在的理想信念上的"软骨病"、廉洁自律上的"腐化病"、干事创业上的"慵懒病"。把制度治党作为治本之策，堵塞漏洞、标本兼治。把组织建党作为固本之举，实施边疆党建长廊创建工程，开展基层党建与脱贫攻坚"双推进"行动，不断增强基层党组织的政治功能和服务功能。把用人导向作为风向标，严格执行党章规定的干部条件和新时期好干部标准，端正用人价值取向，纠正选人用人偏向，着力打造一支有信念、有思路、有激情、有办法的"云岭铁军"。把惩贪肃腐作为"手术刀"，扎实抓好中央巡视"回头看"反馈意见整改落实，集中开展"六个严禁"专项整治，坚决肃清白恩培、仇和等余毒，营造"亲""清"新型政商关系，使受到破坏的政治生态全面恢复起来，使党风、政风和社会风气全面好转起来。

党的十八大以来这五年，云南各项事业之所以能够取得新进展新成就，根本就在于有以习近平同志为核心的党中央坚强领导，在于有习近平总书记系列重要讲话精神和治国理政新理念新思想新战略以及考察云南重要讲话精神的科学指引。站在新的征程上，我们将更加紧密地团结在以习近平同志为核心的党中央周围，树牢"四个意识"，坚定"四个自信"，沿着习近平总书记指引方向，跨越发展、争创一流、比学赶超、奋勇争先，为决战脱贫攻坚、全面建成小康社会而不懈奋斗，谱写好中国梦的云南篇章。

目录 CONTENTS

第一章 绿色发展新要求：努力成为我国生态文明建设排头兵

第二章 主动服务融入国家生态战略，建设好西南生态安全屏障

第三章　加快体制机制改革，夯实生态文明建设的制度基础

第四章　坚持绿色发展，做好云岭绿色经济大文章

第五章　树立"山水林田湖生命共同体"思想，坚决保护好云南的"绿水青山和蓝天白云"

第一章　绿色发展新要求：努力成为我国生态文明建设排头兵

党的十八大以来，以习近平同志为核心的党中央把生态文明建设放在全局工作的突出地位，强调生态文明建设是中国特色社会主义事业的重要内容，关系人民福祉，关乎民族未来，事关"两个一百年"奋斗目标和中华民族伟大复兴中国梦的实现。2017年7月26日，习近平总书记在省部级主要领导干部专题研讨班上指出，我们坚定不移推进生态文明建设，推动美丽中国建设迈出重要步伐。习近平总书记关于生态文明建设的系列讲话和重要论述博大精深，既是我国生态文明建设和环境保护的基本遵循，更为云南边疆治理和可持续发展提供了行动指南。

云南是我国生态资源最富集、生物多样性最丰富、生态产品生产条件最好的省份之一，在解决我国资源环境问题、建设生态文明国家中具有特殊的地位和作用。习近平总书记在2015年新春伊始来云南考察时指出，良好的生态环境是云南的宝贵财富，也是全国的宝贵财富，云南要主动服务和融入国家发展战略，努力成为我国生态文明建设的排头兵。这是对云南的肯定，也是对云南的鞭策，更是让云南重新认识自己，发现自己，在世界经济社会的大舞台上和中国改革开放新进程中重新审视云南省情，重新认知云南的最大资源和发展抓手。

第一节　对云南省情的再认识："生态环境是云南的宝贵财富"

一、"云南最大的优势是生态"

（一）独特的自然地理条件造就云南特殊的生态环境

云南省位于东经 97° 31′ 至 106° 11′、北纬 21° 8′ 至 29° 15′ 之间，北回归线横贯本省南部，属低纬度内陆地区。全省东西最大横距 864.9 千米，南北最大纵距 990 千米。云南地处中国西南边陲，东部与贵州省、广西壮族自治区为邻，北部与四川省相连，西北部紧依西藏自治区，西部与缅甸接壤，南部和老挝、越南毗邻。云南是全国边境线最长的省份之一，国境线长达 4060 千米，其中，中缅边界 1997 千米，中老边界 710 千米，中越边界 1353 千米。国境线上有 25 个边境县。全省总面积 39.4 万平方千米，占全国陆地国土面积的 4.1%，居全国第八位。

云南大部分区域地处低纬度高海拔地区，主要属于亚热带高原季风型气候，立体气候特点显著，类型众多，年温差小，日温差大，干湿季节分明，气温随地势高低垂直变化异常明显。滇西北属寒带型气候，长冬无夏，春秋较短；滇东、滇中属温带型气候，四季如春，遇雨成冬；滇南、滇西南属低热河谷区，有一部分在北回归线以南，进入热带范围，长夏无冬，一雨成秋。云南同时具有寒、温、热（包括亚热带）三带气候，一般海拔高度每上升100米，温度平均递降0.6—0.7℃，有"一山分四季，十里不同天"之说，景象别具特色。

云南地形、地貌复杂多样，形成六大典型生态景观。①滇西、滇西北为横断山脉高原地区，行政区域包括迪庆州、怒江州、丽江市和大理州。该区在自然地理区划上属于寒温高原地带，作为青藏高原东南边缘的一部分，位于中国西南纵向岭谷区的腹地，分布有著名的"三江并流"世界遗产地。地势处于我国最高一级梯层向第二级梯层过渡的部位，高原面海拔平均3000米以上，南部的大理也在2000米以上，年平均气温不到10°C，降水年分配不均。地带性植被主要为温凉性和寒温性针叶林。该区地质构造复杂，地质历史相对年轻，地质运动活跃，山峰高耸，河谷深切，森林、草甸广布，湖泊湿地发育，地理景观与生态系统类型极其多样化。②滇东北为中山河流深切割高原地区，行政区域包括昭通市和曲靖市。该区西南连接滇中高原，东南连接黔西北高原，西北为川西南山地，东北接四川盆地的西南部山地。地貌结构上正好处于它们之间的联结过渡部位，地势南高北低，为岩溶地貌发育的中山高原河流深切割地貌，属亚热带北部气候类型。年均降水量在800毫米至1600毫米之间，河谷与山地气温差异较大，地带性植被为亚热带山地湿性常绿阔叶林。③滇中、滇东为高原湖盆地区，行政区域包括昆明市、楚雄州和玉溪市。该区位于滇中高原的中心部位，高山深谷较少，地势起伏和缓，气候大都四季如春，年均温13—15℃，年均降水量在700毫米至1200毫米之间，地带性植被为半湿润常绿阔叶林。

④滇东南为岩溶山原地区，行政区域包括红河州和文山州。该区位于亚热带南部地带，为岩溶地层发达的中低山山原地貌，地势为全省最低。气候明显具有由东南亚热带季风气候向我国东部亚热带季风气候过渡的特征，年均温 15—20℃，年均降水量在 800 毫米至 2000 毫米之间；地带性植被为偏湿性的季风常绿阔叶林、中山湿性常绿阔叶林和苔藓绿阔叶林，在降水量少、气候偏干的局部地区有半湿润常绿阔叶林和暖性针叶林分布。⑤滇南为中山山原地区，行政区域包括西双版纳州、普洱市和临沧市。该区位于东南亚季风热带区域的北部边缘与亚热带南部过渡地带,南面与中南半岛相连，北面接滇中高原，地势向南倾斜，地貌为中低山宽谷盆地。澜沧江流经全区，河谷较为开敞，支流发达，河流向南敞口，有利于西南和东南两大季风的进入，气候较湿热，年均温 16—19℃，降水量在 1000 毫米至 2500 毫米之间，为全省水热条件最优越的地区之一，地带性植被主要是热带季节性雨林、季雨林、亚热带季风常绿阔叶林、中山湿性常绿阔叶林和暖热性针叶林。⑥滇西南为低山宽谷地区，行政区域包括德宏州和保山市。该区位于横断山系南部帚状山脉峡谷中山地貌区与中南半岛北部高原山地的连接部位，由于地处我国最接近印度洋孟加拉湾的地区，是全省也是我国受西南季风暖湿气流影响最大的区域。区内热量充足，雨量充沛，河谷和盆地年均温达 20℃左右，年均降水量各地不一，并因所处的坡面不同而差异极大，可在 1400 毫米至 4000 毫米之间，是全省水热条件最优越的地区之一，地带性植被主要是热带季节性雨林、季雨林和季风常绿阔叶林。

（二）丰富多样的资源

云南省河川纵横，湖泊众多，地处大江大河上游或河源地区。

全省境内径流面积在 100 平方千米以上的河流有 889 条，分属长江、珠江、红河、澜沧江、怒江、伊洛瓦底江六大水系。红河和珠江发源于云南境内，其余为过境河流。除金沙江、珠江外，均为跨国河流，这些河流分别流入南中国海和印度洋。多数河流具有落差大、水流湍急、水流量变化大的特点。全省有高原湖泊 40 多个，多数为断陷型湖泊，大体分布在元江谷地和云岭山地以南，多数在高原区内。湖泊水域面积约 1100 平方千米，占全省总面积的 0.28%，总蓄水量约 300 亿立方米。湖泊中属滇池面积最大，约 300 平方千米；洱海次之，面积约 250 平方千米；抚仙湖深度全省第一，最深处 150 多米，泸沽湖次之，最深处 90 多米。

云南是我国资源种类最为齐全、资源禀赋特别富集的省份之一。云南水资源总量次于西藏、四川两省区，居全国第三位。2016 年，全省水资源总量 2089 亿立方米；水能资源蕴藏量达 1.04 亿千瓦，居全国第三位；经济可开发装机容量 0.98 亿千瓦，居全国第二位。其中，82.5% 的水能资源蕴藏于金沙江、澜沧江、怒江三大水系，尤以金沙江蕴藏量最大，占全省水能资源总量的 38.9%。

云南地质条件特别，成矿条件优越，矿产资源极为丰富，尤以有色金属及磷矿著称，被誉为"有色金属王国"，是得天独厚的矿产资源宝地。云南矿产资源的特点突出：一是矿种全。已发现的矿产有 143 种，已探明储量的有 86 种。二是分布广。金属矿遍及 108 个县（市、区），煤矿在 116 个县（市、区）发现，其他非金属矿产各县都有。三是共生、伴生矿多，利用价值高。全省共生、伴生矿床约占矿床总量的 31%。云南有 61 个矿种的保有储量居全国前十位，其中，铅、锌、锡、磷、铜、银等 25 种矿产含量分别居全国前三位。

云南能源资源得天独厚，尤以水能、煤炭资源储量较大，开发条件优越，地热能、太阳能、风能、生物质能也有较好的开发前景。煤炭资源主要分布在滇东北，全省已探明储量 240 亿吨，居全国第九位，煤种也较齐全，烟煤、无烟煤、褐煤都有。地热资源以滇西腾冲地区的分布最为集中，全省有出露地面的天然温热泉约 700 处，居全国之冠，年出水量 3.6 亿立方米，水温最低为 25℃，最高达 100℃。太阳能资源也较丰富，仅次于西藏、青海、内蒙古等省（区），全省年日照时数在 1000—2800 小时，年太阳总辐射量每平方厘米在 90—150 千卡。

（三）荣冠全国的生物多样性

云南生物资源十分丰富和独特。云南是全国植物种类最多的省份，被誉为"植物王国"。热带、亚热带、温带、寒温带等植物类型都有分布，古老的、衍生的、外来的植物种类和类群很多。在全国 3 万种高等植物中，云南占 50.2%，列入国家一、二级重点保护的物种有 146 多种。2016 年，云南森林面积为 2273.56 万公顷，居全国第二位，森林覆盖率 59.3%。活立木总蓄积量 19.13 亿立方米，占全国活立木总蓄积量的 11.4%。全省共有各种类型、不同级别的自然保护区 160 个，其中国家级 21 个、省级 38 个、州（市）级 55 个、县（市、区）级 46 个。自然保护区面积 286.25 万公顷，其中国家级自然保护区面积 150.97 万公顷、省级自然保护区面积 67.78 万公顷。

云南树种繁多，类型多样，优良、速生、珍贵树种多，药用植物、香料植物、观赏植物等品种在全省范围内均有分布，故云南还有"药物宝库""香料之乡""天然花园"之称。

云南动物种类数量为全国之冠，素有"动物王国"之称。脊椎动物达 2273 种，占全国 52.1%。其中，鸟类 793 种，占 63.7%；兽类 300 种，占 51.1%；鱼类 366 种，占 45.7%；爬行类 143 种，占 37.6%；两栖类 102 种，占 46.4%。全国见于名录的 2.5 万种昆虫类中，云南有 1 万余种。云南珍稀保护动物较多，许多动物在国内仅分布于云南。珍稀动物如蜂猴、滇金丝猴、亚洲象、爪哇野牛、长臂猿、印度支那虎、白尾梢虹雉、绿孔雀、蟒蛇等 46 种，均属国家一级保护动物；熊猴、猕猴、灰叶猴、穿山甲、小熊猫等 154 种，属国家二级保护动物；此外，还有大量小型珍稀动物种类。

（四）优良的生态环境是云南人民最大的福利和财富

云南山区面积占到全省总面积的 94%，全省 70% 的人口、80% 的少数民族分布在山区。云南是一个农业省份，其经济在根本上是资源性的经济，生物资源是云南最大的资源。生物资源的利用和开发在云南经济发展中占据绝对优势。

云南地处我国西南边疆，少数民族人口占总人口的 33.39%，是全国民族成分、特有民族、跨境民族、世居民族、人口较少民族最多的省份。少数民族与汉族之间、各少数民族之间相互杂居融合，几乎分布于全省的山山水水，全省任何一个地方先天就是多民族集聚的大熔炉。云南各民族不仅彼此和睦相处，而且友善对待万物，形成了天人合一、人地和谐的生产方式和生活方式，共同创造了多姿多彩、独特瑰丽的民族生态文化，形成了许多与现代生态环保理念相吻合的习俗、禁忌和生态智慧。这些广泛存在的对自然环境、对生命、对生物的崇敬爱护以及人与自然和谐共生的习惯，成为云南生态环境长期良好维持的重要经济社会基础和民族文化根源，也是云南边疆长期安澜的重要因素。

云南边疆民族地区已有的生态文明行为和理念作为我国优良的

民族文化组成部分，值得进行挖掘和凝练。这不仅是弘扬中华优秀民族生态文化，也将为云南生态文明建设提供强大的动力，对于云南成为我国生态文明建设排头兵具有重要意义。

自然和人文因素相互交织，使云南成为我国乃至世界旅游资源特别丰富的地区。全省已经建成一批以高山峡谷、现代冰川、高原湖泊、喀斯特地貌、火山地热、原始森林、文物古迹、传统园林及少数民族风情等为特色的旅游景区。全省有景区、景点 200 多个，国家级 A 级以上景区有 134 个，其中列为国家级风景名胜区的有石林、大理、西双版纳、三江并流、昆明滇池、丽江玉龙雪山、腾冲地热火山、瑞丽江—大盈江、宜良九乡、建水等 12 处，列为省级风景名胜区的有陆良彩色沙林、禄劝轿子雪山等 53 处；拥有昆明、大理、丽江、建水、巍山等 5 座国家级历史文化名城，腾冲、威信、保山、会泽、石屏等 11 座省级历史文化名城，禄丰县黑井镇、会泽县娜姑镇白雾街村、剑川县沙溪镇、腾冲县和顺镇等 8 座国家历史文化名镇名村；还有 14 个省级历史文化名镇、14 个省级历史文化名村和 1 个省级历史文化街区。此外，丽江古城被列入世界文化遗产名录，三江并流、石林被列入世界自然遗产名录。

二、"云南生态环境也是全国的宝贵财富"

（一）云南是我国生态环境保护重点区域和西南生态安全屏障的前沿要地

云南处于我国江河源区或上游地区，长江、珠江、澜沧江等大江大河均发源或流经这里，丰富的生物多样性维护的复杂生态系统及其支持的优良生态环境，为下游我国长江、珠江流域黄金经济带的发展提供了重要的生态庇护。作为亚洲的水塔，云南影响澜沧江、红河、怒江下游 10 多个国家和地区、10 多亿人口的水资源、水环境和综合生态安全。我国的整体生态安全格局是以青藏高原为主要战略高地，通过云南向南部和东南部拓展延伸，影响中国西南地区和东南地区，进而辐射南亚和东南亚诸多国家和地区。云南处于西南季风的上风口和策应地，对我国其他地区的生态环境有着极大的跨区域影响，是维持我国整体生态环境功能的关键地区。从国家战略上来看，这里的良好生态环境不仅是我国不可替代的、宝贵的生态资源，还是最大的发展资源和社会稳定的基础，更是面向南亚东南亚进行生态辐射、开展环境外交的关键资源。

不难看出，大力推进生态文明建设，构建生态安全屏障，既可推动云南自身发展，也可彰显区域生态优势，充分展示云南科学发展的蓬勃生机和活力，使云南在参与国际国内区域合作中发挥更大的作用。

（二）云南贮备着中国乃至世界未来生物技术产业发展无可替代的战略基因资源

云南地处低纬度高海拔地区，从北到南不到 1000 千米的地理跨度内完成了我国三大地理区域的跨越；在复杂的地理条件下，使之具备从热带到寒温带的 7 种气候类型，拥有北半球除沙漠和海洋外的各类生态系统，生态系统类型占比达到我国 95% 以上。云南生物区系地位十分独特，处于东亚、东南亚和青藏高原三大地理区域的交汇处，形成了我国最重要的生物资源宝库。云南拥有全国 50.2% 的高等植物、70% 的中药材和 58.9% 的脊椎动物等物种资源；全国约 3 万种高等植物中，云南有 19365 万种；全国可利用的药用植物有 4700 多种，云南占 2600 多种；全国可利用的香料植物约 500 种，云南占 360 多种；全国可利用的食用菌约 360 种，云南占 270 种；

云南有脊椎动物 1737 种。云南野生近缘种和民族遗传资源丰富，在仅占全国陆地面积 4% 的土地上栖息着全国 50% 以上的动植物种类、67.5% 的珍稀物种资源和 70% 以上的微生物种类，享有"生物资源王国"和"生物基因宝库"声誉，是全球生物物种高富集区和世界级的基因库，是世界著名的生物多样性热点地区，在我国乃至世界的生物多样性保护中有着不可替代的重要地位。

云南是我国战略种质基因资源宝库，具有不可限量的战略意义和重大价值。当前世界正进入生物经济引领的第四次产业革命浪潮的新阶段，发展生物经济的核心资源是独特的种质基因资源。一个基因决定一个产业，一个物种影响一个国家的命运，这是已经被多次证明了的事实。21 世纪是生物技术、生物经济的世纪，而谁拥有生物经济的核心资源——种质基因资源越多，谁就拥有发展和领跑的基础乃至综合国力的优势。正因为如此，世界发达国家正在全球搜集和挖掘重要的生物及其基因资源，当今国际社会已经把生物资源的拥有量视为衡量一个国家竞争力和可持续发展能力的重要标志。云南保存的生物多样性及生物资源，未来终将成为我国核心经济和战略资源。合理利用好独特的生物资源，变生物资源优势为生物经济优势，是云南在新兴产业发展中后来居上的战略选择，而保护好生物多样性，既是建设生态文明的重要内容，也是我国参与国际新一轮经济和产业竞争的保障条件，更是维护和保障我国长远发展、做好战略资源贮备的需要。这些物种和基因资源，不仅是中国的，也是全人类的，它孕育的生物制造和遗传改良带来的无限可能性为全球解决资源环境问题提供了潜在的机会和更多的选择。

（三）云南是解决我国资源问题的重要基地

云南是我国水电清洁能源的重点基地，而生态环境优劣直接关乎水资源的数量和质量，影响国家能源安全。云南水电资源丰富，但目前开发率不足 10%，远低于全国 20% 的平均开发程度，开发潜力巨大。目前，云南已经开发溪洛渡、向家坝等水电站，其发电总量已经超过三峡。

云南具有得天独厚的成矿地质条件，矿产资源十分丰富，单位国土面积和人均拥有资源丰度值分别为全国平均值的 2 倍、2.4 倍，尤以有色金属及稀有分散元素矿产在国内外享有盛名。矿产资源历来是国家建设和发展的基础资源，资源开发利用中保护和修复好生态环境是全球资源安全及其管理中的关键内容。

（四）云南是我国不可多得的生态产品生产供给区

中国社会已经开始进入生态产品消费的新时期。所谓生态产品，就是指生态系统（自然界）为人类提供的各种物质资源和环境服务的统称，它不仅包括自然食品、水、氧气、木材、纤维等生活生产材料，还包括调节气候、净化污染、涵养水源、保持水土、防风固沙、减轻灾害、维护环境质量等生态功能。生态产品是人类生存、生产和生活的必需消费品。随着中国经济社会发展进入一个新的历史阶段，人们生活水平快速提高，生活和消费价值取向出现了重大变化，优质的生态产品越来越成为我国需求最旺盛、供给最短缺、消费最强劲的资源。例如，生态环境优良与否成为土地开发、地产增值的关键因素，就是因为它无形中提供了生态产品；很多地区成为旅游热点，主要原因就是人们来到这里享受洁净空气、优质水源、宜人气候、舒适环境——这些曾经都是人类生活的必需品，现在成为需要通过旅游支出才能消费的生态产品。对优质生态产品及优良生态环境的需求将成为中国和全球经济社会发展的重要驱动力。

云南是我国不可多得的生态产品生产供给潜力巨大的关键区

域。这里不仅可以提供绝大多数的生态产品，而且由于特殊的生态条件使很多区域单位面积提供的产品种类多、产量大、价值高，属于全球生态产品重要生产基地和输出基地。全球生态产品大体可以归结为 4 大功能、17 种服务、39 类，云南在这些方面大多都有上乘表现，生态系统服务和产品供给能力强大。目前，云南森林覆盖率高于全国平均水平 1 倍以上，森林和湿地生态系统的"水塔""碳库""绿色银行"等功能十分明显，全省森林生态系统服务功能价值达 1.48 万亿元 / 年，居全国首位。自然保护区提供的森林生态服务价值就达 2009.02 亿元，且被国家和全社会高度认可。云南作为开发程度较低的省份，较好地保护了生态环境，保留和维护了自己的生态优势，将成为生态消费时代的新宠区域。

第二节　树立"绿水青山就是金山银山"的绿色发展新理念

党的十八大以来，以习近平同志为核心的党中央带领全党全国人民积极推进生态文明建设，在理论和实践上取得了突破性进展，由此带来的发展方式变革切实地改变着云南的面貌，云南省各地全面学习习近平总书记"走向生态文明新时代，建设美丽中国，实现中华民族伟大复兴的中国梦"的伟大号召。2015 年 1 月 20 日上午，习近平总书记在考察洱海边的大理市湾桥镇古生村后强调，经济发展不能以破坏生态环境为代价，生态环境保护是长期任务，要久久为功；在村民李德昌家考察时说："云南有很好的生态环境，一定要珍惜，不能在我们手里受到破坏。"此后，习近平总书记提出的"绿水青山就是金山银山""山水林田湖是一个生命共同体""要像保护眼睛一样保护生态环境，像对待生命一样对待生态环境"等系列新思想、新观点、新要求，就成为云南省绿色发展的号角及经济转型的指路明灯。

省委、省政府明确以"绿水青山就是金山银山"的绿色发展新理念为宗旨，把保护好生态环境、发挥好生态优势作为云南各项政策的基础，以生态文明建设为契机，力促转型形成创新驱动力，积极发展绿色产业、生态经济，努力实现绿色崛起。在全省范围内树立起了"绿水青山就是金山银山"的新理念，边疆民族地区各级领导干部积极遵照习近平总书记"良好生态环境是最公平的公共产品，是最普惠的民生福祉"的指示，把绿色发展的理念、原则、目标深刻融入"五位一体"建设的各方面及全过程，自觉把绿色发展作为执政智慧和责任担当。宣传部门也积极加强绿色发展理念的宣传，让绿色发展意识植根于群众心中，培养全社会的生态操守，提倡生态道德，致力于建设独特的云南民族生态文化环境。

一、"在生态环境保护上算大账、算长远账、算整体账、算综合账"

（一）理解"四笔账"在生态环境保护中的思想内涵

习近平总书记在云南考察时指出："要把生态环境保护放在更加突出位置……在生态环境保护上一定要算大账、算长远账、算整体账、算综合账，不能因小失大、顾此失彼、寅吃卯粮、急功近利。"因此，算好生态环境保护的大账、长远账、整体账和综合账，就成为云南省生态文明建设及树立绿色发展新理念的首要问题。

生态环境保护的"四笔账"具有深刻内涵。"大账"就是要将建设生态文明排头兵看作是关系人民福祉、关乎民族未来的长远大计。"长远账"就是要形成"当前的生态就是未来的经济",不能以一时的经济发展影响未来长远的发展。"整体账"就是要增强全局观念,经济与生态发展必须加强顶层设计和整体规划。"综合账"就是将能否保护好生态环境,看作一个政党是否真正代表群众利益、站在时代发展前列、保持先进性的试金石,要将经济账、政治账、民生账综合起来一起算。正确理解"四笔账"之间的关系就是算好眼前经济账的同时要算好大账、长远账,政府要算好与算准整体账和综合账,建立反映市场供求和资源消耗程度、体现生态价值和代际补偿的资源有偿使用制度和生态补偿制度,把生态环境保护这"四笔账"做细做实。

云南省在生态文明建设中,领会和贯彻习近平总书记高频率强调、形象化比喻的生态环境保护要算大账、长远账的新思想,加深远虑近忧的问题意识,增强居安思危的忧患意识,广泛推行树立责任观念,树立久久为功的过程观念,唤起人们坚持稳扎稳打、步步为营的环保理念和认真态度,引导全社会成员践行从我做起、从现在做起、从点点滴滴做起的责任担当和求真务实。云南省通过在广大党员干部中推行习近平总书记所说的"我国的生态环境矛盾有一个历史积累过程,不是一天变坏的,但不能在我们手里变得越来越坏,共产党员应该有这样的胸怀和意志"等思想,使生态环境保护算大账、长远账的新理念逐渐普及、深入民心。

(二)将保护与发展的矛盾在生态文明建设中统一

推行"生态惠民"新思维。生态文明建设要和满足人民群众物质、文化、生态需求更加紧密地结合起来,生态文明建设的惠民度越高，人民群众共建共享生态文明的积极性、主动性、创造性就会越高。在生态文明建设实践中，云南省始终坚持"优生态、惠民生"的发展路子，推行"生态惠民"新思维。在深化生态功能区调整、山区农民异地转移、集体林权制度三大改革创新过程中，突出生态文明建设和改善民生有机结合，坚持把发展生态经济作为物质基础，突出生态文明建设和改善民生有机结合的难点在于农村，突出生态文明建设和改善民生有机结合的基础在于良好的人居环境，坚持把城乡人居环境生态化作为基础工程。提倡和推行包容性绿色旅游扶贫的新理念，实现增长、减贫、生态"三赢"的目标，这是云南省绿色发展、生态环境保护算大账、长远账新理念的体现，也是在资源容量和环境承载力的范围内最大限度地实现经济社会的协调发展与可持续发展。

确立"保护中开发，开发中保护"的生态原则。云南省从党的十八大以来，确定了生态立省和环境优先的战略，坚持以最小的资源消耗实现最大的经济社会效益，积极推行"在保护中开发，在开发中保护"的绿色发展原则，最大限度地实现人与自然的和谐共处，本着"科学规划、统筹兼顾、趋利避害、合理开发、保护优先、防治结合"的原则，努力创建环境和谐的生态开发模式。

倡导"不欠子孙债、不推自身责"的道德风尚。云南在生态文明排头兵建设中，树立"我们不能欠子孙债，一定要履行好责任，为千秋万代负责，要有这种责任担当"的生态建设理念。尤其是习近平总书记在云南洱海"立此存照"并发表讲话以来，"绿水青山就是金山银山""不欠子孙债、不推自身责"等成为生态文明排头兵建设的道德风尚得到大力弘扬。云南省开展《环境保护法》及其配套法规制度的学习宣传，并纳入全省环境法制宣传工作重点，开展新《环境保护法》专题研讨、《云南省环境保护条例》立法调研，利用"6·5"环境日、"12·4"宪法日等面向社会的法制宣传活动，深化"生态环境保护是一个长期任务，要久久为功"的新理念。云南省支持"云南蓝"等环保公益行动，联合环保部门开展环境质量监测，在云南广大群众中逐渐建立了"不欠子孙债、不推自身责"的生态担当思想及理念。

（三）树立"绿水青山就是金山银山"的生态价值观

积极推行"绿色财富"价值观。云南省各级政府和群众牢固树立保护生态就是保护生产，恢复生态就是发展生产，绿色生态就是宝贵财富——"绿水青山就是金山银山"的科学理念，把发展心态从过去过于看中资源、依赖资源的心态，转变为良好的生态环境才是云南发展的独特优势和核心竞争力，积极探索有云南特色的绿色发展新路径，大力推进美丽云南建设，实现中央对云南发展的新定位、新要求。相继出台了《云南省人民政府关于加快林业产业发展的意见》《云南省人民政府办公厅关于加快木本油料产业发展的意见》等一系列政策，盘活森林资源资产，实现森林资源从资产向资本的转变，既保护森林生态，又促进农民增收，真正实现"百姓富、生态美"。由此"绿色财富"新理念得到了普及和推广。以新理念为基础，云南积极探索建立绿色发展试验示范区，将绿色发展作为西南生态安全屏障建设的指导思想，形成西南生态安全屏障建设对绿色发展的牵引机制，在转型升级中贯彻绿色发展；创新绿色科技，提升实现云南经济社会可持续发展与保护环境的整体能力，发掘、保护和弘扬优秀民族传统生态文化，提高全社会的绿色意识，推动绿色理念入脑入心，在全社会形成良好的绿色发展的氛围与环境。

构建云南"绿色银行"新金融。云南着力建立健全绿色金融体系，为绿色发展提供融资支持。一是完善绿色财政、税收政策。加大对绿色产业的财政投资，激励企业由传统生产向绿色生产转变；推进绿色预算管理，通过调整绿色预算收支结构，提高绿色产业投资占预算投资的比例；建立健全绿色税收体系，指引生产者和消费者的经济行为，完善环境税、资源税征收体系，并通过所得税、消费税、增值税等绿色税收政策，促进绿色生产和绿色消费，践行绿色发展。二是大力推行绿色金融政策。通过绿色信贷支持、设立绿色发展基金等措施支持绿色发展，实现云南绿色金融创新，引导和鼓励更多社会资本投向绿色产业，指引企业研发绿色技术，执行绿色生产，实现绿色发展。

二、"保护生态环境就是保护生产力"

为了贯彻习近平总书记强调的"要正确处理好经济发展同生态环境保护的关系，牢固树立保护生态环境就是保护生产力、改善生态环境就是发展生产力"的理念，云南省通过政策、法规的制定，逐步在全社会树立起了"保护生态环境就是保护生产力"的理念。"保护生态就是保护生产，发展生态就是发展生产"，大力发展绿色经济、循环经济和低碳技术，进一步提高生产力发展水平，走绿色发展之路。牢固树立"生态环境也是生产力"的理念，就是要把保护和改善生态环境作为生态文明建设的重点，促进人与自然和谐相处，奋力书写无愧于历史的云南生态文明建设新篇章，争当全国生态文明建设排头兵。

（一）学习"两山"理论的新境界

2016 年 6 月，时任云南省省长的陈豪同志在讲话中多次强调了"两山"理念的精髓，明确指出了云南省实施"两山"理念的四个主要内涵：一是要坚持用绿色发展理念引领生态文明建设排头兵新实践，按照习近平总书记把云南建成全国生态文明排头兵的要求，将生态环境保护放在更加突出的位置，坚定不移地用绿色发展理念指导社会经济建设。二是加强污染治理和生态修复，始终坚持"生态立省、环境优先"战略不动摇，把保护好生态环境作为生存之基、发展之本，坚持绿色可持续发展。三是加快云南省推进资源节约和循环高效利用，树立绿色生产和生活观念，确保资源节约型和环境友好型社会建设取得重大进展。四是加强生态安全屏障建设，保护好云南独特生态系统和生物多样性，推动环保机构监测监察执法垂直管理。云南省各党政部门的各类培训学习以及各种媒体、新闻的宣传报道，把"两山"理念推行到生态文明建设的各领域，普及到社会各阶层、群体中。

云南根据省情培育、推行"两山"理念的一项重要措施，就是打造"绿色边疆"。通过各种政策、措施和活动，在全社会普及、宣传加强西南边疆生态安全和生物安全建设、保证边疆生态系统稳定协调、捍卫国家边疆生态安全和形象的理念。在"绿色边疆"理念中注重保护水源水质、空气质量和土壤健康等关系边疆人民生活生产、生命健康等的安全问题，树立在云南实现"望得见山、看得见水、呼吸得到新鲜空气"的生态生活目标，通过开展系列"绿色边疆"建设活动，普及、强化云南省"绿色边疆"建设的新理念。例如，怒江、德宏、临沧等地的边防部队及党政部门在"青山绿水、和谐边疆"义务植树活动中积极宣传建设以先进生态文化、绿色生产生活方式和良好生态环境为基本内涵的美丽边疆思想。

树立"绿色消费"理念、推广绿色生活方式是云南推行"两山"

理念的另一重要措施。《中共云南省委关于制定国民经济和社会发展第十三个五年规划的建议》对云南"绿色消费"理念作了阐释。提倡把绿色发展理念贯穿于经济社会的各方面和全过程，把绿色产业、绿色经济作为经济社会发展的重要抓手，把绿色生产、绿色消费作为争当全国生态文明建设排头兵的全民行动，把云南建设成一个吃有绿色食品、穿有生态服饰、住有绿色建筑、行有绿色交通的绿色社会。

践行绿色生产实践是云南省推行"两山"理念的又一项重要措施。云南省积极推动生产方式绿色化，淘汰高污染、高耗能的落后产能等，在全社会注重培育和发展新材料、文化创意、生物、信息和节能环保等绿色产业的思想，以推动现有的装备制造、能源、建筑等产业和行业的绿色化转型，引导云南省的社会资本投向绿色环保产业和服务业等理念，逐渐在云南省推广开来。

（二）提高"保护生态环境就是保护生产力"的新认识

正确处理好发展与生态的关系，就是"要正确处理好经济发展同生态环境保护的关系，牢固树立保护生态环境就是保护生产力、改善生态环境就是发展生产力的理念"。云南省推广各种政策及措施，逐步确立了"保护生态环境就是保护生产力"的新认识。

要正确处理好经济发展同生态环境保护的关系，只有牢固树立保护生态环境就是保护生产力、改善生态环境就是发展生产力的理念，才能更加自觉地推动绿色发展、循环发展、低碳发展，绝不以牺牲环境为代价去换取一时的经济增长。云南各级政府坚持"良好生态环境是最公平的公共产品，是最普惠的民生福祉"新思想，自觉形成了"留住了绿水青山就是留住了生存的本钱、留住了希望"的新认识，走粗放增长老路、越过生态底线、竭泽而渔的发展思想受到了云南各界的摒弃。

发掘云南边疆民族优秀生态文化，是云南省树立"保护生态环境就是保护生产力"新理念的文化自我觉醒活动。云南民族文化众多，从长期的生产生活实践中，形成了对自然资源的适度开发与有序利用的良好传统文化。为此，在生态文明建设过程中，尊重这些民族的朴实优秀的生态观念，挖掘其中的生态价值，进而提炼出具有云南特色、能够推广的生态文明理念，夯实生态文明排头兵建设的群众思想基础。

三、"一定要像保护眼睛一样保护生态环境"

（一）守护好云南的"生命共同体"

习近平总书记在党的十八届三中全会上提出"山水林田湖是一个生命共同体，人的命脉在田，田的命脉在水，水的命脉在山，山的命脉在土，土的命脉在树"的科学论断。云南省按照"生命共同体"的系统思想，积极保护大气、水体和土地资源，维护好天蓝、水净、地绿的生态环境。云南省第十次党代会强调必须坚持生态优先、绿色发展，明确提出"良好的生态环境是云南的靓丽名片和宝贵财富，也是云南实现跨越发展的独特优势和核心竞争力"的理念，使"生命共同体"理念得到广大民众的认可及接受。

为了维护好天蓝、水净、地绿的生态环境，云南省加强九大高原湖泊及重点流域水污染综合防治，从源头上杜绝和消除重大环境污染事故的发生，维护水环境安全；改善城市大气环境质量，加强重点行业大气污染源治理；治理固体废物污染，减少固体废物产生，加强工业固体废弃物资源化利用；加强农业农村污染防治，改善农村人居环境。强化土壤环境监管，建设土壤监测网络体系，加强主要农产品产地土壤环境常规监测，在重点区域建立土壤环境质量定期评价制度，守护"生命同共体"的新举措。

（二）以生态文明示范乡镇建设为抓手推进生态环境保护下乡进村

生态文明建设示范区创建是生态文明建设下乡进村的重要载体。省委、省政府先后出台《关于加强环境保护重点工作的意见》《关于争当全国生态文明建设排头兵的决定》《关于努力成为生态文明建设排头兵的实施意见》等系列重要政策和文件，在部署全省经济社会发展工作时，都把加强生态文明建设和环境保护、创建生态建设示范区作为重要内容，并提出明确要求。云南基层生态文明创建以生态村、生态乡镇和生态市县为重点展开，遵循创新、协调、绿色、开放、共享的发展理念，以促进形成绿色发展方式和绿色生活方式、改善生态环境质量为导向。生态文明示范乡镇新理念的推广，让云南各族人民在环境改造中发展旅游，在生态质量提升中发展有机农业，示范区人民得到实惠，点燃、激发了广大农民参与生态文明建设的热情。

截至2017年4月，全省16个州（市）的110多个县（市、区）开展了生态创建工作，已累计建成10个国家级生态示范区、1个国家级生态州、85个国家级生态乡镇、21个省级生态文明县、615个省级生态文明乡镇、3个国家级生态村、29个省级生态文明村。目前，昆明市石林县，西双版纳州景洪市、勐海县、勐腊县已通过国家级生态县考核验收，西双版纳州通过国家级生态州技术评估和考核验收，标志着云南在生态文明建设领域取得较好的成效。

（三）完成好"留得住青山绿水，记得住乡愁"保护任务

2015年习近平总书记在云南考察工作时提出了"保留乡村风貌，

留得住青山绿水，记得住乡愁"的保护任务。近年来，云南省两会上的历届《政府工作报告》中，"留得住青山绿水，记得住乡愁"成为省委、省政府生态文明建设重点工作任务。

绿色是彩云之南最亮丽的一抹底色。云南省把建设"森林云南"作为推动生态文明建设的具体内容。党的十八大以来，尤其是2015年以来，加强"森林云南"建设更是成为云南生态文明排头兵建设的重要举措。一是维护好森林、湿地等生态系统，为生态文明建设提供环境基础；二是提供木材、林产品、绿色食品、药材、生物质能源等丰富的能源和资源；三是通过发展森林文化、湿地文化、生态旅游文化、绿色消费文化等生态文化，形成尊重自然、热爱自然、善待自然的良好氛围。按照"总量不断增加、质量不断提高、管理不断规范"的要求，积极强化林业部门森林资源保护监管职责。

作为全国首个倡导并建设国家公园的省份，云南省又进一步深化了自然保护工作。快速推进极小种群保护工程建设，深入推进自然保护区规范化建设，起草编制《云南省自然保护区生态移民规划》和《云南省自然保护区生物多样性监测体系规划》，出台《云南省自然保护区规范化建设管理指南》，建立起规范的生物多样性监测、保护体系，建立涵盖全省绝大多数自然生态系统和生物物种的自然保护区网络，开展生物多样性恢复试点示范，继续实施石漠化综合治理重点工程，组织开展石漠化治理监测、水土流失防治重点工程等。

生态文明建设必须大力培育生态意识，使人们对生态环境的保护转化为自觉行动。云南省通过生态文明教育增强公民的节约意识、环保意识、生态意识，积极构建家庭、学校、社会"三位一体"的生态教育模式，提高公民生态意识，培育公民环保理念，引导公民树立绿色发展观，恪守生态环境"责任红线"，为建设美丽云南贡献自身力量。充分发挥政府职能，利用新媒体在全社会传播和普及生态知识，弘扬生态文化，传播绿色理念，践行低碳生活，教育引导全体公民形成绿色价值取向、绿色思维方式、绿色生活方式，使绿色发展理念深入人心并外化为自觉行动。

第三节　坚持"生态立省、环境优先"，闯出一条通过绿色发展实现跨越式发展的路子来

习近平总书记考察云南的重要讲话，让云南深刻认识到了自己担当的国家生态责任，明确了主动服务和融入维护国家生态安全、建设西南生态安全屏障的战略任务。与此同时，云南全省上下也在深入领会和贯彻执行习近平总书记的讲话精神，把生态资源转化为经济社会发展资源，把生态优势转化为发展优势，使云南成为我国经济发展和生态建设深层次结合、优良生态环境与富饶民族边疆同步发展的典范，谱写好中国梦云南篇章的重要内容。

一、环境优先——让思想认识统一到国家生态发展战略中

习近平同志早在 2008 年 11 月云南考察时强调，"推动形成经济发展是政绩、保住青山绿水是更大政绩的科学导向"。良好的生态环境，既是国家的战略需要，也是云南最大的财富，还是落后的民族地区最大的福利，更是最基本的民生问题。2015 年 1 月习近平总书记考察云南时更是嘱托，"生态环境是云南的宝贵财富，也

是全国的宝贵财富，一定要世世代代保护好！"

习近平总书记在云南考察中的讲话，不仅要求云南把生态文明建设按照五位一体的总体布局予以落实，而且提出了更高、更新的要求，就是主动服务和融入国家发展战略，闯出一条跨越式发展的路子来，努力成为我国生态文明建设排头兵，谱写好中国梦的绿色云南篇章。正如中共云南省委书记陈豪所言，我们必须从认识和实践两个层面，认真学习、深刻领会和全面把握习近平总书记重要讲话的精神实质，以"等不起"的紧迫感、"慢不得"的危机感、"坐不住"的责任感抓好生态文明建设。云南没有经过工业化的深度洗礼，保留了良好的生态环境本底，保护好云南良好的生态环境就是对国家发展战略的最好回应。云南省以污染减排约束性指标为抓手，全面实施七彩云南保护行动，以九大高原湖泊为重点的水污染综合防治进一步加强，以滇西北为重点的生物多样性保护取得积极进展，天然林保护和退耕还林等一批重大生态建设工程进展顺利，防范突发环境事件的能力进一步提高。全省生态环境质量继续保持良好水平，森林覆盖率不断提高，空气环境质量好或较好的比例高于全国平均水平 11.2 个百分点，河流水质符合地表 I、II 类标准的河长占总河长的比例高于全国平均水平 20 个百分点，自然保护区数量位居全国第六位。良好的生态环境为进一步建设富裕、民主、文明、开放、和谐的云南提供了更加广阔的空间。目前，以滇西北、滇西南为重点的生物多样性保护基础工作稳步推进，森林覆盖率保持增长，生态创建工程、生态文明意识提升工程和民族生态文化保护工程广泛推动，为推动云南生态文明建设、社会经济和谐发展奠定了坚实的基础。

建立在生物资源、生物技术基础之上的生物经济将是未来世界经济的主导力量之一。目前全球生物经济总量每 5 年翻一番，增长率为25%—30%，是世界经济增长率的10倍。预计到2020年生物经济规模将达到15万亿美元，超过以信息技术为基础的信息经济，成为世界上最强大的经济力量。生物技术的巨大潜在效益及广阔前景，使这一领域成为网络经济之后的又一竞争热点。生物经济的核心主要依靠生物技术和生物资源。云南拥有的得天独厚的生物种质资源和生态环境资源，将可能成为未来生物新经济的宠儿。可见，云南拥有的特殊生态资源为云南未来发展提供了无限的机会和可能，目前更应该高度认识生态资源的重要性、不可替代性。人类是大自然的产物，依靠自然提供的福祉生息繁衍和发展。大自然及其生态系统服务功能具有极大的直接、间接和潜在价值，是人类生存和发展的重要基础，自然生态资产也是国家财富的重要衡量指标。任何以牺牲自然生态资产获得的发展都是不可持续的，也是有违社会发展潮流的。云南应该珍惜时代赋予云南成为发展潮头的机会，通过环境优先的发展策略，维护好自己的生态禀赋，保护好未来的发展潜力。

事实上，云南的生态优势正在赢得市场价值。云南提供的良好生态产品使其成为全国重要的旅游热点地区。全省自然资源丰富，自然景观和人文景观都十分独特，具有多样性、独特性、跨境性的特点，是国内外重要的旅游目的地和旅游大省。

云南为全社会提供的公共生态产品正成为国家转移支付的重要考量。生态产品是一类公共性、公益性物品，提供生态产品是国家的职责，那也将是公共财政保障的重点，是中央财政转移支付、资金补助的考量因素。相应地，能够提供生态产品，制造和生产生态产品能力强的区域，也将在经济社会发展中获得优先和重点支持，这也是争取和获得生态补偿、财政转移支付实现国家购买生态产品的重要依据。云南通过积极保护，巩固自己的绿水青山的优势，为国家购买公共产品、实现未来更大的金山银山打下坚实的基础。

云南在面向全社会提供生态产品中，将使其生态后发优势历史性地变为重大发展优势，通过科学保护和生态开发，让生态生物资源变为经济社会资源的新时代为期不远。云南省大部分地区植被良好、污染较少、空气清新、水源清洁，生物产品生产条件十分优越，是我国无公害、有机、优质、生态特色农产品的重要生产基地；"云系""滇牌"等农产品日益受到国内外市场的广泛认可，绿色、环保、营养、安全已经成为云南农产品的形象标签。云南在全国极具影响力的旅游业就是这种生态消费拉动经济发展的重要体现。

二、生态立省——把绿水青山变成金山银山

环境优先，不是简单地不发展、少发展，而是把发展建立在环境可以接受、不影响和降低环境质量的基础上，以环境来约束和优化发展方式。这种发展，就是把"绿水青山"变成"金山银山"，就是尽快推进绿色发展。云南着力把生态资源转化为发展资源，以生态为主线，打造云南产业与经济社会协同发展的升级版，通过绿色发展提升创新发展能力、抢抓跨越发展机遇。

1. 做好传统产业的生态化提升。对农业、林业、畜牧业、水利水电、矿产等资源直接相关产业，严格按照维护生态健康的基本要求，以恢复产业依托资源的再生能力与环境可修复能力为底线，提高传统产业发展的生态化水平。

2. 把工业、生产型服务业及相关产业进行集群化融合，以循环经济、生态经济为主线进行优选和集结，以绿色、生态、环保重构和创建云南工业发展新面貌。

3. 把城镇化发展与区域生态建设、环境治理、旅游、文化产业、休闲养老产业等新兴服务业有机捆绑在一起，通过生态建设提升城镇化的科学水平和新兴服务业发展的条件与层次，同时通过新兴产业发展为生态建设提供内在动力。

4. 推进云南生态产品新兴制造业的创建。在云南建立生态产品生产基地，对生态产品的生产方式、发展业态、产品交易、产品消费进行试点，筹建生态产品国家交易中心和国际交易中心。

5. 加快打造云南的生态品牌，抢占生态发展的制高点。把云南产业发展、社会面貌按照生态化模式进行整体的、综合的形象打造，树立云南的生态性发展基础、生态型发展优势、生态化发展先机，在全国乃至世界上形成凡是云南的，就是生态的、就是环保的、就是绿色的，为云南产品和社会形象全面打上生态标识，为云南各民族产品走多样化、小批量、高端化、高价位打下基础。

三、努力成为我国生态文明建设排头兵

维护好云南重要的生物多样性宝库和西南生态安全屏障，就需要云南把生态环境保护放在更加突出的位置。云南的发展重点是要实现跨越，这个跨越就是不能走传统工业化道路，必须坚定不移地走绿色发展之路，这样才可能在发展中实现保护，确保生态文明建设走在全国前列。

（一）以创新绿色发展突破传统工业化发展，快步走向现代生态文明

走新型工业化道路。与传统工业化不同，新型工业化是"以信息化带动工业化，以工业化促进信息化，走出一条科技含量高、经济效益好、资源消耗低、环境污染少、人力资源优势得到充分发挥

的新型工业化路子"。它的核心是以先进的信息技术改造、提升传统产业，促使产业结构升级，以信息化带动工业化。在实现工业化进程中强调生态建设和环境保护，在经济发展的同时保护好环境，使资源消耗低、环境污染少，从而实现工业化目标。新型工业化是以信息化带动的，在消耗较少资源、带来较少环境污染条件下取得良好经济效益并能充分发挥人力资源优势的工业化。

发展循环经济。循环经济可以最大限度地提高资源与环境的利用效率，最大限度地减少废物排放，保护环境。环境外部性问题可以从源头上得到有效遏制。循环经济可以实现社会、经济和环境的共赢发展。循环经济提升了环境保护的高度、深度和广度，将环境保护与经济增长模式统一协调。循环经济在不同层面上将生产和消费纳入到一个有机的可持续发展框架内。云南是国内较早推进循环经济的省份，根据生态效率的理念、生态工业学原理，推行清洁生产，减少资源的使用量，实现污染排放的最小化，最大限度可持续利用可再生资源。循环经济是实现环境与经济双赢的全新经济发展模式。

大力发展低碳经济和低水经济，推动经济结构转型和升级，减少对资源的消耗和对环境的污染。高污染高消耗一度成为影响云南经济社会健康发展的主要障碍，高污高水过去也是云南各地尤其是主要城市发展的重要乱象。为此，云南在制定和实施"十三五"经济社会发展规划中，通过结构调整、改变发展方式实现节能减排和绿色发展，使不科学、不可持续的发展得到扭转，这既是每个人每个地方应对全球气候变化应尽的义务，也是云南省科学发展、实现节能减排目标的必由之路。

（二）云南建设国家生态文明排头兵的战略图景

为了巩固云南作为我国重要的生物多样性宝库和西南生态安全

屏障作用，探索大江大河上游地区构筑西南生态安全屏障新方式，云南省以改革创新为动力，加快形成节约资源和保护环境的空间格局、产业结构、生产方式、生活方式，努力建设成为经济繁荣发展、自然环境优美、人民安居乐业、边疆民族和睦的七彩云南，描绘了云南建设国家生态文明排头兵的战略图景：

一是改善以滇池、洱海、抚仙湖等高原湖泊为重点的水环境质量，提高森林生态效益，巩固云南作为我国重要的生物多样性宝库和西南生态安全屏障作用，打造成为国家生态屏障建设先导区。

二是推进新型城镇化建设，改善城乡人居环境，发挥云南独特的气候和自然资源优势，打造绿色宜居的美丽家园，形成绿色生态和谐宜居区。

三是推动生态资源科学合理开发利用，发展生态经济，解决边疆少数民族深度贫困问题，帮助群众脱贫致富，与全国同步建成小康社会，成为边疆脱贫、生态优良模范区。

四是加快生态文明制度创新，重点在生态补偿制度、自然资源资产产权和用途管制制度、生态红线管控制度方面取得突破，为全国生态文明制度实施和完善提供有益经验，成为生态文明制度改革创新实验区。

五是保护和弘扬民族优秀传统生态文化，形成国家重要的民族生态文化保护、弘扬和传承阵地，打造民族生态文化传承区。

第二章 主动服务融入国家生态战略，建设好西南生态安全屏障

云南是我国重要的生物多样性宝库和西南生态安全屏障，保护好云南的生态环境，就是对国家乃至全人类的重大生态贡献。云南省牢记习近平总书记"一定要世世代代保护好"的谆谆嘱托，谋划好协同保护与发展关系的国土格局，保护好丰富的生物多样性资源，维护好大江大河清流安澜，在提升区域生态安全水平、打造祖国南疆的美丽花园过程中迈出了坚实的步伐。

第一节 整体谋划国土格局，一张蓝图干到底

一、加快实施云南省主体功能区规划

主体功能区是基于不同区域的资源环境承载力、现有开发密度和发展潜力，按照区域分工和协调发展的原则，将特定区域确定为

特定主体功能定位类型的一种空间单元规划。主体功能区一般包括优化开发区、重点开发区、限制开发区和禁止开发区四类。

党的十八大报告指出，要加快主体功能区战略，推动各地区严格按照主体功能定位发展，构建科学合理的城市化布局、农业发展布局、生态安全格局。2013年5月24日，习近平总书记在主持十八届中央政治局第六次集体学习时指出，国土是生态文明建设的空间载体。要按照人口资源环境相均衡、经济社会生态效益相统一的原则，整体谋划国土空间开发，科学布局生产空间、生活空间、生态空间，给自然留下更多修复空间。要坚定不移地加快实施主体功能区战略，严格按照优化开发、重点开发、限制开发、禁止开发的主体功能定位，划定并严守生态红线，构建科学合理的城镇化推进格局、农业发展格局、生态安全格局，保障国家和区域生态安全，提高生态服务功能。要牢固树立生态红线的观念，在生态环境保护问题上，不能越雷池一步，否则就应受到惩罚。一方面，当前云南正处于工业化和城市化快速发展的阶段，各区域都把推行工业化、城镇化作为发展中心内容，部分区域不考虑自身的发展条件，盲目地攀比，扩大资源开发强度，导致区域空间开发无序。另一方面，长期以来，云南省与其他地方类似，存在重"发展计划"、轻"布局规划"的偏差，空间布局规划的缺失成为工业化和城市化进程中空间开发无序、区域发展失衡的重要原因。对此，云南省积极响应中央号召，印发了《云南省主体功能区规划》，并加快主体功能区战略的实施，为云南省优化国土空间开发格局，开创区域空间有序发展的新局面提供了重要保障。

（一）云南省国土空间的主要特征

1. 土地资源总体丰富，但可利用土地较少。云南总面积占全国陆地总面积的 4.1%，居全国第八位，目前人均国土面积约 13 亩，比全国平均多 2 亩。但适宜工业化、城镇化开发的坝子（盆地、河谷）土地仅占云南省面积的 6%，优质耕地比例较小，主要分布在坝区，未来坝区建设用地增加的潜力极为有限，工业化、城镇化发展代价较大。

2. 水资源非常丰富，但时空分布不均。云南全省水资源总量 2210 多亿立方米，仅次于西藏、四川两省（区），居全国第三位，人均水资源占有量约 4800 立方米，是全国平均水平的 2 倍多。但时空分布不均，雨季（5—10 月）降雨量占全年的 85%，旱季（11 月—次年 4 月）仅占 15%；地域分布上表现为西多东少、南多北少，水资源开发利用难度大，平均开发利用水平仅为 7%，部分区域水资源供需矛盾十分突出，工程性、资源性、水质性缺水并存。特别是占云南省经济总量 70% 左右的滇中地区仅拥有全省水资源的 15%，部分县（市、区）人均水资源量低于国际用水警戒线。

3. 环境质量总体较好，但局部地区污染严重。2016 年云南省 100 条主要河流（河段）的 186 个监测断面中，水质优良率达 81.7%，全省开展水质监测的 62 个湖泊、水库中，水质优良率达 83.8%。全省 16 个主要城市空气质量优良率均在 92.4%—100%。但长江、珠江、澜沧江水系的部分支流污染严重，星云湖、杞麓湖、异龙湖等湖泊水质依然为劣 V 类，恢复治理任重道远。

4. 生态类型多样，但生态系统既重要又脆弱。2016 年云南省森林覆盖率为 59.3%，森林面积 2273.56 万公顷，约占全国 1/10，居全国第二位；活立木蓄积 19.13 亿立方米，约占全国 1/8，居全国第二位。全省湿地总面积 56.35 万公顷，其中自然湿地面积 39.25 万公顷，自然湿地保护率为 40.27%。全省生物多样性特征显著，有高等植物 13000 多种，占全国总数的 46% 以上，陆生野生脊椎动物 1416 种，占全国总数的 52.8%。但由于大部分地形较为破碎，全省生态系统脆弱性也非常突出，土壤侵蚀敏感区域超过全省总面积的 50%，其中高度敏感区占总面积的 10%，石漠化敏感区占总面积的 35%，其中高度敏感区占总面积的 5%。

5. 自然灾害频发，灾害威胁较大。云南省是中国地震、地质、气象等自然灾害最频发、危害最严重的地区之一，常见的类型有地震、滑坡、泥石流、干旱、洪涝等。根据国家颁布的《中国地震动参数区划图》（GB13806—2015），云南省 7 度区以上面积占总面积的 84%，是全国平均水平的 2 倍。20 世纪中国大陆 23.6% 的 7 级以上大震，18.8% 的 6 级以上强震发生在仅占全国陆地国土面积 4.1% 的云南省。云南省记录在案的滑坡点有 6000 多个、泥石流沟 3000 多条，部分对城乡居民点威胁较大。干旱、洪涝、低温冷害、大风冰雹、雷电等气象灾害发生频率高，季节性、突发性、并发性和区域性特征显著。

6. 经济聚集程度高，但人口居住分散。2016 年云南省生产总值 14870 亿元，占全国的 2%。人均生产总值 31265 元，是全国平均水平的 57.9%。滇中 4 州（市）以全省 1/4 的面积和 1/3 的人口创造了全省约 2/3 的经济总量，昆明市更是以全省 1/20 的面积和 1/7 的人口创造了全省 1/3 的生产总值，其中仅昆明 4 个市辖区生产总值就为全省的 20%。目前云南省城镇化水平为 45.03%，有超过一半的人口分散居住在广大的山区、半山区，形成三户一村、五户一寨的景观，人口的过度分散导致零星开垦、粗放耕作等现象普遍，加重了水土流失、石漠化等生态问题，更为不利的是增加了基础设施的建设成本和公共服务提供的难度。

7.交通建设加快，但瓶颈制约仍然突出。2016年云南省公路通车里程近24万千米，其中高速公路里程超过4000千米，居西部前列，全省铁路营运里程超过3000千米，内河航道里程超过3300千米，民用航空航线里程28.61万千米。但云南省公路运输比重大，占全省运输总量的90%以上，物流成本达24%以上，高于全国平均水平6个百分点。农村公路等级低，晴通雨阻严重，抗御自然灾害能力弱，通达能力差，养护经费严重不足，目前云南还有近2000个行政村不通公路，给人民群众出行带来极大的不便，也不利于促进和带动相关产业的发展。

总之，改革开放以来，云南省经济持续快速发展，工业化、城镇化加快推进，人民生活水平明显提高，综合实力显著增强，这时，国土空间格局也发生了巨大变化，有力地支撑了经济发展和社会进步，但同时也带来了一些必须高度重视、认真解决的突出问题。一是人口、经济与资源环境的空间分布不够协调。坝区是全省社会经济发展的重要载体和空间结构的重要支撑，但全省坝区空间十分有限，分布于坝区的大中城市聚集人口过多，资源环境压力大。二是生态功能退化、环境问题突出。高原水生态脆弱，坝区的水环境问题十分突出，滇池等高原湖泊水污染防治的任务繁重。三是空间结构不尽合理，空间利用效率低。缺乏全省统一的空间开发战略规划，在土地利用、基础设施网络建设、人口流动、城乡规划与建设、产业聚集和布局等方面缺乏通盘考虑。

（二）云南省优化国土空间开发的实践

1.实施主体功能区规划。云南省颁布实施了《云南省主体功能区规划》，科学地界定了全省范围内每个区域的发展导向和重点内容，成为云南省国土空间开发格局的总体方案。该规划根据国家对主体功能区规划编制的要求，结合云南省情，将全省国土空间按开发方式分为重点开发区域（指资源环境承载能力较强，发展潜力较大，聚集人口和经济条件较好，应该重点进行工业化、城镇化开发的城市化地区）、限制开发区域（指关系全省农产品供给安全、生态安全，不应该或不适宜进行大规模、高强度工业化和城镇化开发的农产品主产区和重点生态功能区）和禁止开发区域（指依法设立的各级各类自然文化资源保护区域，以及其他禁止进行工业化和城镇化开发、需要特殊保护的重点生态功能区）三类主体功能区，到"十三五"末，以国土空间格局更加清晰、国土空间管理更加精细科学、城乡区域发展更加协调、资源利用更加集约高效、生态系统趋于更加稳定为特征的主体功能区布局基本形成。

2. 开展"多规合一"试点。以主体功能区规划为基础统筹各类空间性规划，推进"多规合一"，是贯彻中央战略部署和习近平总书记系列重要讲话精神的具体行动，是全面深化改革的一项重要任务，是实现城市治理体系和治理能力现代化的重大探索。2015 年云南省人民政府印发《关于科学开展"四规合一"试点工作的指导意见》，决定在全省 16 个州（市）和滇中产业新区各选择 1 个县（市、区）试点开展国民经济和社会发展总体规划、城乡规划、土地利用总体规划、生态环境保护规划"四规合一"试点工作，正式启动全省"多规合一"试点改革。同年 6 月，全省"四规合一"试点暨城市地下综合管廊规划建设工作现场会在大理市召开，大理市"多规合一"试点经验向全省推开。

云南省在大理市探索规划体制机制改革、开展"多规合一"试点工作已初见成效，在试点的基础上，逐步扩大到 23 个县（市、区）

省级"多规合一"试点，试点经验正稳步向全省推广中。云南省住房和城乡建设厅印发了《云南省县（市）域"多规合一"试点工作技术导则》，以此规范工作内容，实现"多规合一"成果法定化，提升规划的科学性和实施管理的有效性。2016年1月，云南省建立省级推进"多规合一"工作联席会议制度，由省政府分管领导任联席会议总召集人，云南省住房和城乡建设厅、省发展改革委、省国土资源厅、省环境保护厅等15家相关省级部门作为联席会议成员单位，总体协调推进全省"多规合一"试点，联席会议办公室设在省住房和城乡建设厅。2016年6月，全省23个试点县（市、区）中，大理市"多规合一"试点成果已通过省级部门暨专家审查委员会审查，上报住房城乡建设部；维西县、泸水县、文山市、弥勒市、景洪市、沧源县、安宁市、芒市、隆阳区、西盟县、玉龙县、巧家县"多规合一"成果进行了省级部门暨专家咨询论证；红塔区、武定县、易门县、禄丰县、宾川县、德钦县试点已形成初步成果。

3. 编制城镇发展系列规划。为加快云南城镇化健康发展，努力走出一条以人为本、四化同步、优化布局、生态文明、文化传承的云南特色新型城镇化道路，2015年云南省人民政府发布了《关于进一步加强城乡规划工作的意见》，在昆明市晋宁县（已改为晋宁区）、曲靖市中心城区、玉溪市中心城区、保山市腾冲市、楚雄州大姚县、红河州弥勒市、普洱市西盟县、大理州大理市、德宏州瑞丽市、迪庆州维西县10个县（市、区）开展首批省级城市规划示范试点工作。到2017年取得试点任务的阶段性成果，形成可示范、可复制的经验，到2020年在全省范围内有序推广。为加快建设滇中城市群，编制完成了《滇中城市群规划（2016—2050年）》《滇中城市群城乡一体化发展规划（2015—2020年）》，该规划紧紧围绕云南省"三个定位"发展目标，立足区位优势和资源禀赋，全面构建协调发展空间格局，统筹城乡一体化发展，规划引导滇中城市群空间布局、人口发展、城乡建设和城乡风貌、生态、特色塑造，推动绿色发展。为建设好沿边开发开放经济带，编制完成了《云南省沿边城镇布局规划（2017—2030年）》，该规划涉及怒江、德宏、临沧、保山、普洱、西双版纳、红河、文山8个沿边州（市），对沿边城镇发展所涉及的重大问题进行了研究，从而明确未来云南沿边城镇发展的总体思路、具体目标和实现路径，引导沿边城镇更好地实现科学发展、跨越发展。

4. 开展空间规划探索。为加快落实云南省三大战略定位，根据省委全面深化改革领导小组第二十次会议和省人民政府第87次常务会议精神，积极开展云南省空间体系规划的编制工作进行《云南省空间规划（2016—2030年）》阶段成果，要求加快推动《云南省空间规划（2016—2030年）》及《云南省空间规划实施管理办法》《云南省空间规划统一技术规程》的修改完善和报批工作。按照"一个战略、一张蓝图、一个空间规划体系、一套机制、一个平台"的规划要求，改革创新省级空间规划编制与管理机制，理顺空间管理事权，明晰空间管理手段，促进各类空间规划的协同，破解省级"多规合一"中的重大问题，强化生产、生活、生态空间统筹的战略引领，建立健全云南省空间规划体系与实施管理体制，为省级空间规划工作提供可复制、可推广的经验模式。

（三）云南省优化国土空间开发取得的成效

通过实施主体功能区规划、开展"多规合一"试点、编制城镇发展系列规划、开展空间规划探索等实践，云南省在优化国土空间开发工作方面取得了积极成效。

1. 区域空间格局进一步优化。云南省"多规合一"试点工作重点分析城市规划编制与实施管理的关联性及影响要素，注重梳理各类不同的规划成果，大部分试点已形成"一张图"，为区域空间格局的进一步优化奠定了良好基础。主要围绕以下三个方面进行：一是做好资源环境承载力评价。如维西县从资源、环境要素进行分析，构建综合评价指标体系，对县域土地资源、水资源、空间资源等进行评价，确定县域土地开发强度。二是构建县（市、区）总体发展战略。如大理市针对市域城乡发展具体问题，提出统筹全域、生态文明、产城融合、城镇上山、智慧城市的城乡总体发展战略，建立了以"四区九线"为基础的全市空间管理体系，划定禁建区、适建区、已建区和重要规划控制线，科学管控全市域城乡空间资源，在城乡总体规划一张蓝图的指导下，统一划定"底图"、坐标体系，编制完善一系列片区规划、专项规划、村庄规划。三是加强空间布局引导。如弥勒市按照促进生产空间集约、生活空间宜居、生态空间山清水秀的总体要求，梳理土地利用总体规划、城乡规划、环境保护规划等核心数据，划定生产、生活、生态空间，形成统领全局发展的规划蓝图。

2. 产业转型升级进一步加快。通过实施主体功能区规划，在继续巩固提升传统优势产业的基础上，着力发展 8 个重点产业，重点产业导向作用初步显现，产业转型升级进一步加快。2016 年云南省工业增加值增长 6.7% 左右，民营经济增加值增长 9% 左右，农业增加值增长 6% 左右，第三产业增加值增长 9.7% 左右。高原特色现代农业发展成效明显，主要农产品供给稳定。加快培育新型农业经营主体，重点推进农业"小巨人"振兴行动计划。农村一二三产业融合发展步伐加快。出台"中国制造 2025"云南实施意见，优化工业园区产业布局，稳步推进企业技术改造。加大工业企业培育力度，2016年规模以上企业户数超过4100户，其中非烟工业增长13%左右；建筑业快速发展，增加值增长14.5%左右。继续培育发展中小微企业，大力发展信息产业。"云上云"行动计划加快推进，与阿里巴巴、腾讯、浪潮、华为等企业开展实质性合作，以晴、惠科等重点项目顺利推进，云计算、大数据、"互联网+"在产业发展中发挥更大作用。全面推进"十大扩消费行动"，加快乡村新型商业中心试点建设，2016年社会消费品零售总额增长12%左右。加快服务业转型升级，物流、会展、文化体育、养老健康等产业较快发展。金融机构人民币存、贷款余额分别增长10.8%、10.6%。加快旅游业转型升级，积极推进与港中旅、华侨城、上海复星、大连万达、成都会展等企业的合作，5A级景区增至8家，着力整顿旅游市场秩序。

3.生态保障体系进一步健全。云南省着力打好大气、水、土壤污染防治三大战役，全力推进林业生态建设，促进全省生态环境质量持续改善，生态保障体系得到进一步健全。大气污染防治方面，云南省深入落实大气污染防治行动实施方案，加强工业大气污染治理、城市扬尘污染控制、机动车环保监管，各级各部门共同推进大气污染防治。2016年，云南省淘汰黄标车和老旧车13.6万辆，超额完成国家下达的年度任务。全省环境空气质量持续改善、保持优良，16个州（市）政府所在城市平均优良天数比例达98.3%，较上年提高1个百分点。水污染防治方面，根据省政府印发实施的《云南省水污染防治工作方案》，各州（市）均制定了水污染防治实施方案，层层签订目标责任书。九湖治理重点项目建设有序推进，完成投资53.38亿元，超额完成年度投资计划。其中，洱海启动抢救性保护模式，实施洱海保护治理七大行动；异龙湖精准治湖 3 年达标方案加快实施。全年九湖水质总体保持稳定，滇池、杞麓湖水质由劣 V 类改善为 V 类。土壤污染防治方面，云南省积极争取国家支持，实施了 5 个土壤污染治理与修复技术应用试点项目，全面完成重金属污染综合防治"十二五"规划实施情况考核，主要重金属污染物排放量明显下降，重金属污染防治重点区域环境质量总体稳中趋好。林业生态建设方面，在实施退耕还林、陡坡地治理、石漠化治理、湿地保护、农村能源建设等生态治理和修复工程上发力，加强森林和湿地的资源保护管理；加大自然保护区、国家公园、森林公园、重要湿地等保护力度和管理力度，建成自然保护区面积 286 万公顷，约占全省总面积的 7.3%，90% 的典型生态系统和 85% 的重要物种得到了有效保护；加大林业生态治贫、绿色脱贫、精准扶贫的力度，在全国率先开展了极小种群物种拯救保护，国家公园、森林公园、自然保护区、国家湿地公园的建设有了长足的进步。

二、编制和实施全省环境功能区划

环境功能区划是按照国家主体功能定位，依据不同地区在环境结构、环境状态和环境服务功能的分异规律，分析确定不同区域的主体环境功能，并据此确定保护和修复的主导方向、执行相应环境管理要求的特定空间单元。

编制实施环境功能区划，坚持分区管理和分类指导，建立以环境功能区划为基础的环境管理体系，是落实主体功能区战略、加强生态环境保护的具体实践，是提升环境服务功能、促进国土空间高效协调可持续开发的重要措施，是环境管理走向源头控制、精细化管理的一项基础性环境制度，必将为规范空间开发秩序、优化空间开发结构、促进区域协调发展提供制度支撑和基础保障。

云南省环保"一张图"为探索环境保护新道路，推进环境管理转型提供有力支撑。新形势对环境保护工作参与区域规划、重大项目落地决策提出了新的要求，环境规划前置、提高约束和实施效力是规划工作改革的重点，环境优先、系统规划、空间管控是新视角，完善规划制度和体系是新任务，环境保护"一张图"是适应新要求和新任务的有益探索，是破解资源环境约束、促进区域健康发展的现实需要，为"多规合一"与"空间规划"提供重要的基础保障。

（一）构建"5+13"的环境功能区划体系

坚持"科学评估、尊重自然，统筹协调、科学引导，突出主导、优化格局，全面覆盖、逐级贯彻，统一思路、因地制宜"的基本原则，构建省、州（市）、县（市、区）三级区划体系。从全局出发，以云南省生态安全格局和经济社会战略布局为基础，建立环境功能综合评价指标体系，应用多源、多尺度数据，以县（市、区）为单元开展全省环境功能区划，确定主导功能类型。注重协调环境功能区划与主体功能区划、生态功能区划、要素环境区划、国民经济和社会发展规划、土地利用总体规划、农业区划等规划之间的关系。综合环境功能对人类社会所提供的三项基本能力即保障区域自然生态安全、维护人群环境健康以及区域环境支撑能力，按照空间尺度，构建云南省"5+13"环境功能区划体系。

1.5类环境功能一级区。包括自然生态保留区、生态功能调节区、农业安全保障区、聚居发展引导区和资源开发维护区。

自然生态保留区：指具有一定的自然文化资源价值的区域，尚未受到大规模人类活动影响且仍保留着其自然特点的较大连片区域。环境功能管控要维持区域自然本底状态，维护珍稀物种的自然繁衍，保障未来可持续发展的环境空间区域。云南省自然生态保留区呈零星或斑块状分布于全省，以青藏高原南缘的高黎贡山自然保护区、白马雪山自然保护区、西双版纳自然保护区、玉龙雪山自然保护区、铜壁关自然保护区、无量山自然保护区等面积较大区域为主，其他一些为斑块较小的自然保护林、珍稀动物保护地区以及文化遗产、风景名胜区和森林、地质、湿地公园等。

生态功能调节区：是云南省重要的生态安全屏障，区域生态系统功能重要，关系全省或较大范围区域生态安全，生态地位极其重要但部分地区生态退化明显的地区。环境功能管控要坚持生态优先，坚决遏制生态系统退化的趋势，维持并提高水源涵养、水土保持、维持生物多样性等生态调节功能的稳定发挥，建设人与自然和谐相处的示范区。该区包括5个二级环境功能区。以云南特色高原湖泊、青藏高原南缘、哀牢山—无量山、南部边境等区域以及金沙江干热河谷地带、珠江上游喀斯特地带为主。昆明、保山、昭通、丽江、普洱、楚雄、红河、文山、西双版纳、大理、德宏、怒江、迪庆等13个州（市）均有涉及。

农业安全保障区：指服务于保障粮食、畜牧以及高原特色现代农业等农副产品主要产地的环境安全的区域。该区包括3个二级环境功能区。主要分布在云南南部和西南部，在西双版纳、普洱、玉溪、红河、保山、昆明、曲靖、大理等州（市）的县（市、区）内分布为农业用地以及林木良种基地以及高原特色现代农业等。环境功能管控要注重保障农业生产的环境安全，确保农产品质量。

聚居发展引导区：指服务于保障人口密度较高、城市化水平较高地区的饮水安全、空气清洁等居住环境健康的区域。主要分布在滇中以昆明为中心的城市群，滇东北昭通昭阳，滇东南个旧、蒙自等城市，滇西北丽江古城，滇西大理、保山隆阳、德宏瑞丽，滇西南临沧、普洱辖区等区域。环境功能管控要以保障饮水安全、空气清洁等居住环境的健康为重点，加强经济发展和环境保护协调的先导示范，提高集聚人口能力，保障环境质量不降低，加大环境综合治理，改善环境质量。

资源开发维护区：指能源富集的能源基地、矿产资源丰富的矿产资源勘查开发基地和水能资源富集区等地区。要维护资源集中连片开发区域的生态环境质量，以保障当地及周边地区生态环境安全。该类型环境功能区以斑块状离散分布于全省，主要有煤炭富集的滇东、滇东北、滇南地区，金沙江干流、澜沧江干流等的水电开发、清洁能源再生基地，昆明—玉溪、曲靖—昭通、个旧—文山、香格里拉—德钦—维西—兰坪、鹤庆—弥渡—祥云、保山—镇康、澜沧—景洪等7个矿业支撑经济区。环境功能管控要坚持生态优先，加强水能、矿产等资源能源开发活动的环境监管；推进矿业结构优化升级，强化综合利用，提高资源综合利用水平；禁止新、扩、改建不符合资源开发利用规划要求的项目，加强资源开发活动对生态环境影响的控制；调整矿产资源开发利用结构，挖掘资源潜力，加快生态修复治理。

2.13类环境功能二级区。根据环境功能的体现形式差异或环境管理要求差异，在上述环境功能一级类型区划基础上，对一级环境功能区进一步划分为13个二级类型区（含不细分二级类型区的一级类型区）。二级区和一级类型区的对应关系如图1所示。

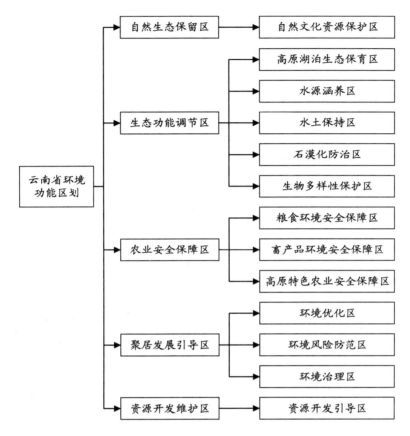

图1 云南省"5+13"环境功能区划体系

环境功能二级区是对一级区的细化，根据各环境功能亚类的划分指标及其阈值进行划定。二级区为地方具体的环境事务管理提供支撑，对明确区域专项环境（水、大气、噪声、土壤、生态等）管理的具体要求进行细化，有助于区域环境质量的监察和管理。

（二）以环境功能区划为基础实施环境管理

以"5+13"环境功能区划为基础，制定分区管理目标指标。完善分区生态环境考核评价体系，实现环境管理的差异化和精细化。生态保护功能区要优化国土生态安全格局，严守以"三屏两带"为主体的云南省生态安全屏障，加快恢复重要区域生态功能，增强生态系统稳定性，提高生态承载能力，促进经济社会持续发展。人居环境健康维护区要明确水、大气、土壤等环境要素污染防控重点，严控环境风险，引导人口分布和城镇、产业布局与区域环境功能要求相适应。农牧产品产地以主要农畜产品产地等为主体建立土壤环境保护优先区，建立严格的土壤环境保护制度，确保以"六大区域板块"为主体的主要农畜产品产地的土壤环境质量总体稳定。资源开发环境保护区要强化环境管控、规范资源开发秩序，落实"点上开发、面上保护"的战略，引导资源开发规模和布局与区域资源环境承载力相协调。

实施环境分区管理，提高全过程环境管理技术水平。建立以环境功能分区为基础，结合环境要素现状及目标值，形成覆盖全省、统一协调、更新及时、反应迅速、功能完善的环境监管系统。根据区域环境主导功能，制定区域各类环境要素的目标指标，完善分区生态环境考核评价体系，实现环境管理的差异化和精细化，以空间环境管理平台落实区域环境联防联控机制，提高环境管理的全局意识和管理水平，提高环境管理效率。

建立以环境质量改善为核心的"一岗双责"考评制度。以环境功能区划为基础，制定以区域环境质量改善为核心的"一岗双责"目标责任制考评管理办法，研究制定相关激励政策措施。把党政系统以及相关领导作为考核对象予以明确，区别设计党政系统的考核指标体系，坚持党统领生态环境保护建设和党政考核并重的原则。地方党政系统的评价考核应分为年度、中期和离任评价考核，评价考核结果要能引起党委特别是组织和纪检监察机关的重视。将年度总考评和阶段性考评相结合，实施年度考评结果与绩效挂钩。

三、划定生态保护红线

划定并严守生态保护红线是全面深化改革和生态文明建设的一项重点任务。习近平总书记多次发表重要讲话，强调划定并严守生态保护红线的重要性。中办、国办印发《关于划定并严守生态保护红线的若干意见》并发出通知，要求各地区各部门结合实际认真落实，要求以改善生态环境质量为核心，以保障和维护生态功能为主线，按照山水林田湖系统保护的要求，划定并严守生态保护红线，实现一条红线管控重要生态空间。

遵照国家的统一部署安排，2017 年云南省作为第一批要完成生态保护红线划定的省份，对全省的全部国家级省级禁止开发区、其他生态保护地要进行系统梳理，并对全省生态系统服务功能和生态环境的敏感性进行科学评估，形成全省红线"一张图"，落实习近平总书记"要用一条红线管控自然生态空间"的要求，确保云南在服务融入国家重大战略中走在全国前列，打牢生态安全的基础。

（一）云南省划定生态保护红线的总体要求

按照《关于划定并严守生态保护红线的若干意见》和《生态保护红线划定技术指南》的要求，云南省制定了《云南省生态保护红线划定工作方案》，要求将重点生态功能区、生态环境敏感区、国家级和省级禁止开发区域、其他各类保护地划入生态保护红线管控范围，划定对象包括各级自然保护区、风景名胜区、森林公园、地质公园、湿地、国家公园、世界自然遗产地、水产种质资源保护区、生态公益林、全省 45 个重点城市主要集中式饮用水水源地保护区、牛栏江流域水源保护区、九大高原湖泊，以及珍稀濒危特有和极小种群物种分布地和栖息地、海拔 3800 米树线以上区域、滇中引水工程坝址以上水源区等重要生态功能区。通过生态保护红线的划定，将云南省范围内的重要保护地、重要湿地及森林生态系统、生物多样性维护及水源涵养等重要生态功能区和脆弱区划入生态保护红线，形成"三屏两带多点"[①]生态安全格局。2017年底前完成云南省生态保护红线划定工作，到2020年完成生态保护红线勘界定标，国土空间得到优化，生态产品供给能力明显提升，生态功能保持稳定，生态保护红线制度基本建立，生态安全屏障得到巩固。

（二）严守生态保护红线，构建生态安全格局

云南省在生态保护红线管理上，落实好地方各级党委和政府主体责任，强化生态保护红线刚性约束，形成一整套生态保护红线管控和激励措施，严守生态保护红线。《云南省生态保护红线划定工作方案》采取以下6方面措施严守生态保护红线，构建生态安全格局。

1.加强组织领导，落实地方各级党委和政府主体责任。各级党委、政府是严守生态保护红线的责任主体，将生态保护红线作为综合决策的重要依据和前提条件。要加强生态保护红线划定、落地和管理的组织领导，建立协调机制，形成有利于严守生态保护红线的工作局面，切实将红线管控要求落到实处。各有关部门按照职责分工，加强对各地有关工作的监督管理，做好指导协调，在划定和严守生态保护红线的目标设置、政策制定、制度建设等方面，要相互沟通协调，形成共抓生态红线保护的工作合力，既要划得实，更

---

① 云南省生态保护红线基本格局为"三屏两带"："三屏"为青藏高原南缘生态屏障、哀牢山—无量山生态屏障、南部边境生态屏障，主要生态功能为水源涵养、水土保持和生物多样性维护，其中青藏高原南缘生态屏障是我国青藏高原生态屏障的重要组成部分；"两带"为金沙江干热河谷地带、珠江上游喀斯特地带，主要生态功能为水土保持，其中金沙江干热河谷是我国长江经济带生态屏障的重要组成部分。

要守得住。

2. 制定管控措施，明确生态保护红线范围内的政策界限。按相关法律法规明确生态保护红线内各类生态要素的分类管控要求。生态保护红线区实行严格保护，原则上禁止各类开发建设活动，严禁不符合主体功能定位的各类开发活动，严禁任意改变用途。要严格红线管理，确保自然生态空间相对稳定。要根据生态保护红线的类型、主导生态功能、保护与管理目标制定具体的负面清单，严格环境准入以及在红线范围内的有关经营、管理活动，实行负面清单制度。明确提出对生态保护红线的主导生态功能可能产生损害的、不符合生态保护方向的禁止准入行业或建设项目目录。

3. 确保红线优先，作为国土空间规划的"底图"和刚性约束。牢固树立底线意识，将生态保护红线作为国土空间规划的"底图"和刚性约束。《云南省五大基础设施网络建设规划（2016—2020年）》以及其他重大规划涉及红线区的建设内容，执行现有法规政策规定。强化自然生态空间用途管制，严禁任意改变用途，防止不合理开发建设活动对生态保护红线的破坏，"不越雷池一步"。生态保护红线一旦划定，必须确保生态保护红线优先，各级各类产业发展规划、城乡建设规划、土地利用总体规划等规划要按照生态保护红线的空间管控要求及时进行调整，涉及生态保护红线范围的相关建设项目需按程序审批，具体程序在管控办法中作出规定。

4. 做好边界落实，确保生态保护红线落地准确、边界清晰。按照《云南省生态保护红线划定工作方案》确定的范围，以县级行政区为基本单元，结合开发利用现状，在高精度的工作"底图"上进一步核准边界，确定生态保护红线空间范围和边界。由开展划定工作的有关部门分别牵头校核，由各州（市）负责勘界落地，落实到地块。明确生态系统类型、生态功能、用地性质与土地权属等，设立统一规范的标识标牌，形成"一条线""一张图""一个表"，确保生态保护红线落地准确、边界清晰。

5. 强化监督管理，建立生态保护红线的一整套实施机制和制度。依托生态环境监测大数据，运用遥感技术，加强监测数据集成分析和综合应用，及时评估和预警生态风险，提高管理决策的时效性和信息化水平。建立和完善监管平台，监控人类活动，及时预警生态风险。对监控发现的问题，通报行业主管部门和当地政府，组织开展现场核查督察，依法依规进行处理。建立生态保护红线生态补偿制度，综合考虑生态系统服务功能重要性、红线面积大小、人口等因素，优化财政转移支付制度。从生态系统格局、质量和功能等方面，定期组织生态保护红线评估，及时掌握生态功能区状况及动态变化，评估结果作为优化生态保护红线布局、调整转移支付资金和实行领导干部生态损害责任追究的依据。对生态红线保护成效进行考核，并纳入生态文明相关考核内容。

6. 加大宣传力度，使落实生态保护红线成为公众自觉的行动。通过信息网络、报刊、电视、广播、宣传栏等多种方式及时准确发布生态保护红线有关信息，保障公众知情权和参与权。健全公众举报、听证和监督等制度，发挥公众参与的积极作用，形成政府、社会和公众齐抓共管的工作局面。

四、建设"记得住乡愁"的美丽乡村

2013年12月，在中央城镇化工作会议上，习近平总书记发表重要讲话，会议强调指出："城镇建设，要实事求是确定城市定位，科学规划和务实行动，避免走弯路；要体现尊重自然、顺

应自然、天人合一的理念，依托现有山水脉络等独特风光，让城市融入大自然，让居民望得见山、看得见水、记得住乡愁。"2015年1月，习近平总书记考察洱海时指出，新农村建设一定要走符合农村的建设路子，遵循乡村自身发展规律，充分体现农村特点，注意乡土味道，保留乡村风貌，留得住青山绿水，记得住乡愁。

中国共产党云南省第十次代表大会上，陈豪书记指出，传承和保护历史文化，挖掘云南山水文化、民族生态文化等生态底蕴，保护名城、名镇、名村（寨）、历史街区和建筑，留得下记忆、记得住乡愁。云南省人民政府出台了《关于推进美丽乡村建设的若干意见》，从2015年起，云南将着力建设秀美之村、富裕之村、魅力之村、幸福之村、活力之村，走发挥优势、彰显特色的多样化路子，全面改善农村生产生活条件，打造升级版新农村，把美丽乡村建成云南叫响全国的又一张名片，不断开创云南城乡共同繁荣发展新局面。2016年，云南省人民政府办公厅印发了《云南省进一步提升城乡人居环境五年行动计划（2016—2020年）》中，明确将云南旅游小镇的培育和发展作为全省特色小镇建设工作的亮点加以打造。2017年，云南省人民政府出台了《关于加快特色小镇发展的意见》，启动全省特色小镇创建工作，鼓励在原有基础上进行提升改造，鼓励州（市）、县（市、区）结合本地实际积极培育发展特色小镇，力争通过3年的努力，全省建成20个左右全国一流的特色小镇，建成80个左右全省一流的特色小镇，力争全省25个世居少数民族各建成1个以上特色小镇。

（一）发展乡村旅游，全域旅游向纵深发展

乡村旅游已成为旅游强省建设的突破口之一。2015年，云南省接待乡村旅游者10285.37万人次，乡村旅游收入971.41亿元，占全省旅游总收入的 29.6%，乡村旅游已发展成为云南现代旅游的重要组成部分。"十二五"期间，云南在发展乡村旅游上取得了积极成效，主要体现为：

开展旅游强县建设，创建了 1 个全国旅游经济强县——丽江市玉龙县，7 个省级旅游强县，并创建了 8 个全国休闲农业与乡村旅游示范县。

开展旅游小镇建设，按照"总量控制（60 家）、动态管理、注重特色、强化配套"的原则，打造了一批环境优美、景色宜人、特色突出、功能完善的宜居、宜赏、宜游、宜商的特色旅游小镇。省级每年投入 3000 万元引导资金，共撬动社会投资 145 亿多元，带动就业人数 4 万余人。

开展旅游特色村建设，按照"因地制宜，试点先行，分批推进，以点带面"原则，采取旅游特色村、少数民族特色村寨、古村落保护开发三种模式分类推进。截至 2015 年，省级安排了近 4.1 亿元资金，整合各部门资金 8.07 亿元，实现社会资金投入 26.8 亿元，共建成 350 个旅游特色村和民族特色村寨。先期完成的 200 个旅游特色村综合收入达 75.95 亿元，占全省乡村旅游总收入的 27.2%，直接吸纳就业人员 5.6 万人，间接吸纳就业人员 13.8 万人，极大地促进了边疆少数民族地区经济社会发展。

开展精品农庄建设，依托云南生态、特色种植业等优势，着力推进以茶叶、烟草、花卉、咖啡、核桃、特色水果、珍贵苗木和药材等为内容的 100 个农业庄园、家庭农场建设。

创造了多型发展模式，云南在发展乡村旅游的探索与实践中，创造性地形成了资源导向型（临景型）（石林五棵树村、大理周城村）、历史文化型（腾冲和顺古镇、大理剑川寺登街、临沧翁丁村）、区位驱动型（环城型）（昆明团结乡、丽江束河古镇）、交通依托型（沿路型）（楚雄咪依噜、普洱那柯里）、产业带动型（特色型）（弥勒红酒庄园、咖啡庄园）、企业再造型（企业型）（西双版橄榄坝傣族园、石林万家欢）、灾后重建及整体搬迁（扶贫型）（镇雄紫溪村、诸葛营和怒江贡山）、城镇一体化（玉溪大营镇、昆明福保村）等 8 种较为典型的乡村旅游发展驱动模式，形成乡村"两委"、"公司＋农户"、综合型开发 3 种模式经营组织形式。

未来三年，云南将按照"旅游活动全域化、旅游配套全景化、旅游监管全覆盖、旅游成果共分享"的要求，创建 60 个旅游强县；创建 60 个旅游名镇，提升改造 60 个旅游小镇；创建 200 个旅游名村、200 个民族特色旅游村寨、150 个旅游传统古村落；支持建设 100 个旅游扶贫示范村。

（二）留住"乡愁"，打造美丽乡村

为把"乡愁"旅游装扮得更美，自 2013 年财政部启动美丽乡村建设以来，云南省通过整合各级各类资金和资源，加大财政资金投入力度，引导农民、村集体和社会等各方面资金，以县级政府为主负责整合新农村省级重点建设村、扶贫整村推进、易地扶贫搬迁和农村危房改造等各类财政涉农专项资金，齐心协力共建美丽乡村。全省共投入美丽乡村建设资金 101.5 亿元，实施了 1361 个美丽乡村建设项目。其中，88 个国家级扶贫重点县实施项目 986 个，占项目实施总数的 72.5%；省级共下达扶贫重点县美丽乡村建设补助资金 13.44 亿元，占下达资金总量的 62.5%。在推进美丽乡村建设试点的同时，找准契合点，大胆探索，开拓创新，将美丽乡村建设与脱贫攻坚共同推进，"一事一议"财政奖补项目重点向山区、半山区和贫困地区推进，美丽乡村建设重点围绕

生态旅游、休闲观光、文化传承、特色农业等优势明显的村落进行打造，实现了美丽乡村规划与脱贫攻坚规划同步、资金整合与脱贫攻坚整合同步、政策扶持与脱贫攻坚同步、农民致富与脱贫攻坚同步的"四个同步"。

美丽乡村建设增加了村级集体收入，有效带动乡村旅游和农业产业发展，为群众提供就地就近就业和创业机会，带动群众增收致富。例如：腾冲市固东镇银杏村 3 年累计接待游客 90 万人次，实现旅游收入 1.1 亿元，农民人均可支配收入 11361 元，较 2010 年增长 2.6 倍，全村建档立卡贫困户从原先的 726 户减少到 9 户，贫困人口从 2520 人减少到 39 人；弥勒市西三镇可邑村打造的民族文化旅游小镇，村级集体年收入从 4.7 万元增长到 32 万元，农民人均纯收入从 8421 元增加到 9516 元。

（三）全面推进传统村落保护与建设

传统村落是云南民族之魂、文化之脉、生态之基、自然之体、历史之源、乡愁之根。在省委、省政府的关心指导下，在省级多部门的配合下，通过各州（市）的积极努力，云南省共向国家登记上报传统村落 1371 个，占全国传统村落上报总数的 12%，位居全国之首。至今，云南省共计有 615 个国家级传统村落，占全国总数的 14.81%，数量连续 3 年位居全国之首。预计争取中央补助资金 15.06 亿元，用于传统村落农村环境整治及"一事一议"财政奖补项目实施，将极大地改善传统村落的人居环境。同时，在国家组织的传统民居调查工作中，云南省总共推荐上报了 24 类 46 子类的传统民居建筑，是全国传统民居类型最为丰富的省份。

第二节　保护好国家生物多样性战略资源

党中央、国务院高度重视生物多样性保护工作。习近平总书记强调，建设生态文明，关系人民福祉，关系民族未来，必须树立尊重自然、顺应自然、保护自然的生态文明理念。李克强总理要求，加强生物多样性保护和科学合理利用，提高生态文明水平和可持续发展能力。云南是中国生物多样性最为丰富的省份之一，各生物类群的物种数接近或超过全国的一半，保护物种比例高，具有丰富性、独特性、脆弱性等特点。长期以来，云南的生物多样性保护受到社会各界和国内外的广泛关注，在全省社会经济发展中具有十分突出的地位，是云南争当全国生态文明建设排头兵的重要领域，是建设西南安全屏障和生物多样性宝库的重要内容。

一、实施一批重大工程，率先发布物种名录

（一）突出问题导向，强化保护立法，完善保护制度

根据地方生物多样性保护实际需求和特点，建立了生物多样性保护联席会议制度、生物多样性保护专家委员会、自然保护区评审专家委员会，制定了40多部配套法规和规章，如《云南省环境保护条例》《云南省陆生野生动物保护条例》《云南省园艺植物新品种注册保护条例》《云南省森林和野生动物类型自然保护区管理细则》等。此外，云南还公布了《云南省第一批省级重点保护野生植物名录》《云南省省级保护陆生野生动物名录》《云南省野生植物极小种群物种名录》和《云南省珍贵树种名录》等。省政府专门出台了《云南省重大资源开发利用项目审批制度》，明确了重大资源开发利用项目的环境影响评价等准入条件。2016年，云南

省在全国率先开展了生物多样性保护立法，制定了《云南省生物多样性保护条例（草案）》，以问题为导向，系统完善生物多样性保护内容和制度。

一些地区也结合各地的实际情况制定了相关的地方性法规。例如：西双版纳州制定了《西双版纳州森林资源保护条例》和《西双版纳州自然保护区管理条例》，文山州制定了《文山州森林和野生动物保护条例》等。

（二）建物种"户口簿"，筛物种"贫困户"

1. 建物种"户口簿"，摸清物种家底。云南特殊的地理位置和复杂的自然环境，孕育了极为丰富的生物资源，素有"动植物王国"的美誉，是我国17个生物多样性关键地区和全球34个物种最丰富且受到威胁最大的生物多样性热点地区之一。

近年来，云南省组织编撰完成了全国乃至世界百科全书史上第一部单独成编立卷的综合性百科全书——《云南大百科全书·生态编》。同时，《横断山区维管植物》《西双版纳高等植物名录》《滇东南有花植物名录》《滇东南红河地区种子植物》《云南鸟类物种多样性现状》《云南鱼类名录》等区域性物种编目也陆续出版。

2015年，云南省环境保护厅和中国科学院昆明分院共同组织开展了"云南省生物物种名录审核及生物物种红色名录评估"工作，编制完成《云南省生物物种名录（2016版）》，共收录云南省25434个物种。其中，大型真菌2729种，占全国的56.9%；地衣1067种，占全国的60.4%；高等植物19365种，占全国的50.2%；脊椎动物2273种，占全国的52.1%（见图2）。经初步核查，云南省分布有国家重点保护野生植物146种，约占全国的41.6%；分布有国家重点保护野生脊椎动物242种，约占全国的57.1%。该名录首次系统完整地记录了云南物种情况。

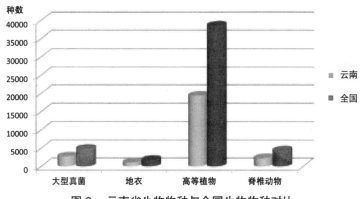

图2　云南省生物物种与全国生物物种对比

2.筛查物种"贫困户"，确保"精准扶贫"。2017年5月22日，云南省环境保护厅、中国科学院昆明分院联合发布《云南省生物物种红色名录（2017版）》，使云南成为我国首个发布省级生物物种红色名录的省份。

该红色名录评估了11个类群的25451个物种。评估结果为：灭绝（包含灭绝、野外灭绝、地区灭绝）18种、极危381种、濒危847种、易危1397种、近危2441种、其他（包含无危、数据缺乏、不宜评估、不予评估）20367种（见图3）。

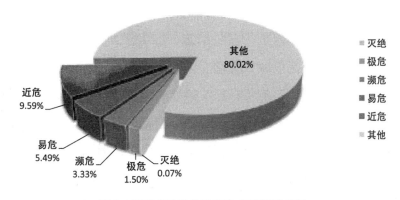

图3　云南省生物物种红色名录评估结果

云南还将不断补充完善物种名录和红色名录，并根据物种等级划分，实行分级保护和动态管理，力争让物种"贫困户"种群数量逐步恢复，尽早实现"脱贫"。

《云南省生物物种红色名录（2017版）》的编制将推动云南省物种资源本底调查、生物多样性保护与资源合理利用的研究工作，为相关部门决策提供科学依据，并将对生物多样性保护和管理产生深远影响。

二、加大种质资源保护力度

作为我国生物物种资源最为丰富的省份之一，云南拥有北半球除沙漠和海洋外的各类生态系统，生物种类及特有类群数量均居全国之首，生物多样性在全国乃至全世界均占有重要的地位，是全球生物物种高富集区和世界级的基因库，野生近缘种和遗传资源丰富，享有"生物资源王国"和"生物基因宝库"之称，具有雄厚的以生物资源促进经济发展的物质基础和巨大的开发利用潜力。省委、省政府高度重视生物物种资源的保护与利用，制定了40多部配套法规和规章，建立了生物物种资源保护和管理厅际联席会议制度，组织、协调全省生物物种资源的保护和管理工作，通过迁地保护、就地保护、离体保护等多种措施，加大保护力度。

（一）保护区建设成效显著

云南省共有各级自然保护区160个，总面积为286.25万公顷，占全省总面积的7.3%，其中国家级自然保护区21个。国家级自然保护区中，森林生态系统类的最多（13个），其次是野生动物类（6个）、湿地类型（2个）。西双版纳和高黎贡山2个自然保护区被列入《世界人与自然保护区网络》；昭通大山包、香格里拉纳帕海和碧塔海、丽江拉市海 4 个自然保护区被列入《国际重要湿地名录》；滇西北"三江并流"地区和石林被列为世界自然遗产地。多年来，云南省各级自然保护区主管部门通过采取强化对自然保护区调整的管理、严格限制涉及保护区的开发建设活动、加强涉及自然保护区开发建设项目监管、规范自然保护区内土地使用管理、加强监督检查、加强科学研究和监测等措施，使得保护区工作取得了显著成效。保护区逐步建立了生物多样性监测、研究网络体系，先后启动了亚洲象、滇金丝猴、黑颈鹤、麋鹿、长臂猿、绿孔雀，以及松茸、兰科植物、巧家五针松、苏铁等物种的调查和科研、监测项目，并取得丰硕成果。云南西双版纳亚洲象种源繁育基地、云南野生苏铁就地保护和野生古茶树（古茶园）保护与利用研究项目进展顺利。中国野生动物保护协会授予昭通"黑颈鹤之乡"、昆明"红嘴鸥之乡"、景东"长臂猿之乡"、迪庆州"滇金丝猴之乡"的称号。对比 2007 年与 2017 年的数据，10 年间，云南省亚洲象由 250 头增加到 300 头左右，白马雪山自然保护区内的滇金丝猴数量由 1400 只增加到 2500 只，西黑冠长臂猿增加到 400 多只，黑颈鹤由 1200 多只增加到 1300 多只。

（二）廊道建设促进物种交流

自然保护区作为生物多样性保护的重要场所，对生物多样性的保护起到了积极的作用。然而，由于保护区的相互分离，使各保护区间的物种难以进行交流，在一定程度上降低了保护价值。建立生物廊道，可有效缓解孤立栖息地内物种的灭绝或遗传多样性的降低，可增加物种的多样性和丰富度，有利于生物多样性的长期保护。

西双版纳建有国家级自然保护区 400 多万亩，包括尚勇、勐腊、勐仑、勐养、曼搞 5 片，以及纳板河流域国家级自然保护区。秉承

"顺应自然、尊重自然"的理念，保护区管理部门联合多家科研院所，通过探索重组生物多样性走廊的形式，改善廊道及核心区生物多样性保护的管理，把分割的保护区连接起来，以减少不利的"孤岛"效应，保持物种安全的迁移机会，促进区域可持续发展，恢复并维持自然保护区的生态完整性。目前，通过方案设计，将面积超过 26 万亩的两条示范廊道纳入示范建设，在示范廊道内开展生物本底调查、生态恢复示范和可替代生计等活动。西双版纳国家级自然保护区廊道建设为省内乃至国内其他保护区建设积累了丰富经验，为生物多样性保护廊道建设提供了科学依据和技术支撑。

（三）迁地保护和离体保护成绩斐然

建立植物园、树木园、动物园、珍稀濒危植物迁地保护区等是生物多样性保护的重要补充措施。截至 2016 年底，云南省通过国家认定和投资建设的林木种质资源异地保存库共 9 处 475 公顷，收集保存树种（含近缘种）310 个、种源 252 个、品种（无性系）155 个、优树（优良单株）974 株、类型 53 个；林木良种基地优树收集区 20 余处，总面积 150 公顷，收集保存优树 1800 多株、优良无性系 2000 余个。云南入选国家林木种质资源库 4 处，分别为腾冲市腾冲红花油茶国家林木种质资源库、德宏州珍贵用材树种国家林木种质资源库、瑞丽市石斛国家林木种质资源库、红河州柚木国家林木种质资源库，总面积 100 公顷。收集保存树种（含近缘种）30 个、种源 84 个、品种（无性系）105 个、优树（优良单株）100 株、类型 50 个，对提升林木种质资源保护利用起到了重要作用。

国家重大科学工程"中国西南野生生物种质资源库"由中国科学院和云南省联合建成，落户昆明。西南野生生物种质资源库是我国唯一的国家级野生生物种质资源库，世界上两个按国际标准建立的野生生物种质资源保藏设施之一，被认为是中国野生种质资源的"诺亚方舟"。短短数年间，中国西南野生生物种质资源库的种子藏量追平了有着40多年历史、目前世界上野生植物种子藏量最大的英国千年种子库。截至2015年底，保藏的种子份数已达67869份，占全国种子植物种类的31%，其中包括大量珍稀、濒危和有重要经济价值的植物种子。中国野生植物种子"方舟"使我国众多宝贵的植物资源得到了长期而安全的保护，为我们将来进一步开发和利用这些资源、促进人与自然和谐、造福人类提供了保障。

（四）创新方式，开展极小种群物种保护

基于长期对云南野生植物保护的实践，云南省率先在国内提出了需要优先保护的"极小种群物种"（包括动物和植物），并组织编制、实施《云南省特有野生动植物极小种群保护工程项目建议书》《云南省极小种群物种拯救保护紧急行动计划（2010—2015）》等。争取各方支持，共投入极小种群野生植物拯救保护专项资金1089万元，实施拯救保护项目47个，针对28种极小种群野生植物实施了专项调查、就地保护、迁地保护、种质资源保存、野外回归和监测等拯救保护措施。通过实施大树杜鹃、华盖木、滇桐、多歧苏铁、景东翅子树、弥勒苣苔6个物种的补充调查，发现了4个物种的新分布，其中弥勒苣苔的分布点由原来的1个增加至2个，分布面积由150亩扩大至300亩。开展了弥勒苣苔、华盖木、景东翅子树、萼翅藤、滇桐、云南蓝果树、漾濞槭7个物种的就地保护，共建设14个就地保护小区（点），确保在保护地外极小种群野生植物的种群数量稳定。通过在昆明、玉溪、大理、保山、德宏、西双版纳等地建设极小种群野生植物近地（迁地）保护园6个，物种回归实验基地，开展华盖木、漾濞槭、毛枝五针松、巧家五针松、文山兜兰、滇桐、单性木兰、观光木等 23 种极小种群野生植物的人工繁育与迁地保护，成功繁育人工种苗 10 万株。

云南蓝果树保护小区是中国首个极小种群野生植物保护小区。云南蓝果树为国家 I 级重点保护野生植物，我国热带北缘的特有种，云南省特有植物。目前已知存活的云南蓝果树不足 20 株。作为第一批被选中建立保护小区的极小种群之一，云南省制订了《极小种群云南蓝果树保护行动计划》，并在普林试验林场的天然林区内划了 49.46 公顷作为云南蓝果树保护小区；有针对性地探索不同保护小区（点）及近地保护园建设、管护模式和补偿，建设必要的保护设施，落实管护机构、人员，加强宣传，确保试点物种得到有效保护。在开展回归试验后，对回归物种开展了科学管护、动态监测和数据采集，回归苗木长势良好。云南省极小种群野生植物保护的经验和成效得到国家林业局高度肯定，并被树立为典型向全国推广。

（五）防范外来有害物种入侵

在自然界，由于环境因素的影响，每个生物物种在一定的区域内生存进化，这些物种即本地物种。虽然物种自身可以发生迁移，但是如果没有人类活动的影响，物种的自然迁移速度会很慢。入侵物种是指那些对传入地带来了生态、经济或公共卫生等危害的外来物种。

云南地理区位独特，内与西藏、四川、贵州、广西四省（区）毗邻，外与越南、缅甸和老挝三国接壤，与泰国、柬埔寨、孟加拉国、印度等国也相距不远，与邻国边境线总长达 4060 千米。随着云南与周边省份和邻国的旅游、商贸往来的快速增长，外来物种进入云南的通道极大地增加，导致外来有害生物物种入侵的风险增高。同时由于自身的地理位置和气候条件等因素，云南成为我国遭受外来生物入侵最为严重的地区之一。云南省共查明外来入侵物种 199 种。其中，植物 142 种，占全省外来入侵物种的 71.35%；无脊椎动物 28 种，占全省外来入侵物种的 14.07%；病原微生物 13 种，占全省外来入侵物种的 6.53%；脊椎动物 16 种，占全省外来入侵物种的 8.04%。

为保护云南独特生态系统不被入侵物种蚕食，架起生物安全防控长城，云南省多措并举，实施了一系列生物安全防控措施。一是实施滇西北、滇西南生物多样性保护等一系列生态建设工程，加大生物多样性的系统保护，通过大力发展优良乡土物种，提高当地生态系统的稳定性和竞争力；利用生态演替规律，通过替代方式促进生态系统恢复和重建。二是建立云南省农业有害生物应急防治队伍，大力发展农作物病虫害专业化服务组织，建立健全了省、州（市）、县、乡、村五级农作物病虫害监测系统。三是针对不同情况的林业有害生物爆发态势，加大林业有害生物防治工作力度。四是加大对外来有害生物入侵的防范，开展了外来入侵物种监测预警及可持续控制关键技术研究，编制了云南口岸入境植物检疫截获有害生物名录，建立了云南省外来入侵物种信息平台系统和云南外来入侵有害生物多指标综合评价体系。

三、国家公园建设

《中共中央关于制定国民经济和社会发展第十三个五年规划的建议》提出，整合设立一批国家公园。国家公园是指国家为了保护一个或多个典型生态系统的完整性，为生态旅游、科学研究和环境教育提供场所，而划定的需要特殊保护、管理和利用的自然区域。

虽然冠以"公园",但国家公园与传统意义上的公园不同,它是以生态环境、自然资源保护和适度旅游开发为基本策略,通过较小范围的适度开发实现大范围的有效保护。在生态保护和自然资源利用形势日趋严峻的当下,通过这种保护与发展有机结合的模式,不仅可促进生态环境和生物多样性的保护,也能带动地方旅游业和经济社会的发展。

(一)探索国家公园建设模式

作为我国国家公园实践的先行省,2015 年,云南省率先颁布了《云南省国家公园管理条例》,陆续出台实施《国家公园 基本条件》《国家公园 资源调查与评价技术规程》《国家公园 总体规划技术规程》等一批规范标准。云南省对国家公园体制的探索为国家公园的制度建立、后期管理提供了大量宝贵的经验。

(二)探索国家公园共赢模式

国家公园是国际公认的保护与发展共赢的保护地模式。近 7 年来云南省出台技术规范,启动地方立法,初步建立起相关管理体制,建立了普达措、丽江老君山、西双版纳、普洱等 13 个国家公园,成为云南生态文明建设的一大亮点。

普达措国家公园是中国大陆第一个国家公园。在这个集保护、科研、生态旅游和环境教育为一体的公园内,观光游览要换乘专门的环保大巴,每隔一段距离就能看到太阳能装置,均采用打包式和生物降解式环保厕所,这些环保设施保护了公园珍贵的原生态资源,也体现了当地居民崇敬神山圣水的信仰。公园以 4.58% 面积的开发利用实现了对 95.42% 范围的有效保护。而这样的结果首先来自"舍"——让村民为游客服务的马匹下山,让破坏草甸、湿地的无序旅游退出。为此,这些年来公园管理局一直投入巨大的人力物力,做好 2 个乡镇、23 个村民小组、821 户村民的社区利益协调，先后投入社区基础设施建设、子女就学、社区群众退出无序经营补偿等各类补助 4700 多万元，社区群众就业人数已占公园员工总人数的 25%。从 2006 年试运行至今，公园环保投入超过了总投资 5 亿元的 25% 以上。正是这些"舍"换来了当地生态和旅游业发展的"得"。监测表明，目前的旅游活动对公园湖泊水深、水质，湿地鸟禽的种类、数量和分布均未造成明显影响，而区域生态资源得以合理利用，公园具备了 1 万人次左右的接待能力，游客量和旅游收入分别创下比建园前增长 102% 和 463% 的纪录，充分验证了绿水青山就是金山银山、绿色发展才是永续发展之道。同时，公园管理重视和改善社区民生，有社区参与，保护成效大大提高。该国家公园为社区居民提供了巡护员、卫生维护、科考后勤等岗位，同时将他们引导到中药材种植和养蜂这样的林农产业上，并无偿提供水泥瓦替代木板，无偿提供太阳能以减少伐木。而西双版纳国家公园除了开展社区项目，还通过野生亚洲象公众责任保险、国家保护野生动物公众责任保险，缓解环境保护与当地发展的冲突，实现生态文明建设与绿色发展相得益彰。

第三节　构筑大江大河上游生态安全屏障

习近平总书记在云南考察时，要求云南把生态环境保护放在更加突出的位置，成为生态文明建设排头兵。这个要求深刻揭示了生态环境对于云南发展的极端重要性，对云南省进一步找准目标定位、突出优势特色、推动跨越发展具有重要指导意义。在国家"两屏三带"十大生态安全屏障中，云南肩负着西部高原、长江流域、珠江流域三大生态安全屏障的建设任务。着眼于长远利益和可持续发展，像保护眼睛一样保护生态环境，像对待生命一样对待生态环境，保护好大江大河上游地区的生态环境是云南打造西南生态安全屏障的重点任务，是为子孙后代留下可持续发展的"绿色银行"，也是争当生态文明建设排头兵的重要内容。

一、保护好三江并流区域生态环境

滇西北三江并流区是全球 34 个生物多样性热点地区和 233 个优先保护生态区之一，是中国生物多样性资源最为丰富的地区之一。同时该区域位于金沙江、澜沧江和怒江的上游，水资源极为丰富。其间分布着大小十几个高原湖泊，是当地极为重要的水资源和生物多样性栖息地，生态屏障地位突出。

目前滇西北三江并流区共建有自然保护区 22 个，其中国家级自然保护区 3 个，省级 5 个，市县级 14 个，总面积 8326 平方千米。近年来，该区域建立多个省级国家公园，如普达措国家公园、梅里雪山国家公园、维西塔城滇金丝猴国家公园、巴拉格宗香格里拉大峡谷国家公园、丽江老君山国家公园等，总面积为 2648 平方千米。

（一）长江上游（金沙江）流域生态环境保护

云南省境内的金沙江是长江干流上游河段，从云南省德钦县入境后，流经迪庆、丽江、楚雄、昆明和昭通 5 个州（市），并在昭通市水富县形成长江第一港口水富港，奔腾 1560 多千米，流域面积达 10.95 万平方千米，是长江上游重要的生态安全屏障，关系着下游省份的生产、生活和用水安全。为了确保"一江清水"出云南，构筑长江上游重要的生态安全屏障，云南省实施了天然林保护、退耕还林还草、防护林建设等一批重大生态工程项目，生态环境质量稳步提升。

在长江经济带建设中，省委、省政府明确提出走生态优先、绿色发展之路，把修复生态环境摆在压倒性位置，加强沿江开发规划和空间管制，统筹推进岸线开发利用、水污染防治和生态廊道建设，大力推进绿色发展、循环发展、低碳发展，推进区域生态共同建设、共同保护和共同监管，确保"一江清水"流出云南，构筑长江上游重要的生态安全屏障。

加大对突出环境问题的治理。持续开展饮用水水源地环境保护执法专项行动，严查严管各类污染问题。加强工业排放监管，加大沿江化工、有色等排污行业环境隐患排查和集中治理力度。建立环境风险大、涉及有毒有害污染物排放的产业园区退出或转型机制。推进沿岸农村环境综合整治，降低农药和化肥施用强度，加大土壤污染防治力度。在生态保护补偿政策上，争取中央财政加大对经济带重点生态功能区的均衡性转移支付力度。积极争取国家长江经济带生态补偿有关政策，探索上下游开发地区、受益地区与生态保护地区之间建立横向生态补偿机制。建立健全森林、草原、湿地、流域和矿产资源开发领域生态补偿机制。争取国家建立水电资源开发长效补偿机制，通过地方依法参股、留存电量等多种方式支持水电资源就地转化用于电站库区生态环境保护和扶贫开发。

强化联合执法。2005年，云南、四川两省召开环境保护协调委员会第一次会议，协商确定了两省在泸沽湖流域、金沙江下游开展联合保护工作。以后每年，两省都确定联合监察方案，省、市、县三级环境监察部门同时行动，对重大工程建设项目联合执法检查，在现场监管、违法查处、应急管理等方面共同协商，统一了执法标准，形成了监管合力。到 2017 年，云南与四川在金沙江流域水电开发项目及生态环境保护方面开展联合环境检查工作已长达 11 年。

（二）澜沧江上游生态环境保护

澜沧江—湄公河是发源于中国青藏高原的一条国际河流，中国境内段称为澜沧江，从云南西双版纳州出境后称为湄公河，下游流经缅甸、老挝、泰国、柬埔寨和越南，最后流入南海，总长 4800 多千米。

澜沧江—湄公河形成了云南与东南亚国家一个自然的通道，是东南亚湄公河流域上游重要的生态安全屏障，关系着下游各个国家的生产、生活和用水安全。为了确保"一江清水"流出云南，构筑澜沧江上游重要的生态安全屏障，省政府明确在澜沧江流域的发展中，要树立尊重自然、顺应自然、保护自然的生态文明理念，按照主体功能区定位，守住限制开发、禁止开发区域的底线，划好生态环境安全的红线，加强生态保护，强化环境治理，节约集约利用资源，在生态文明排头兵建设中发挥重要支撑作用。

近年来，云南省开展了澜沧江经济带的生态环境保护和治理专项行动。云南省十二届人大第九次会议表决通过了 5 部民族自治地区的单行条例，分别是《西双版纳州澜沧江流域保护条例（修订）》《怒江州特色畜禽资源保护与利用条例》《德宏州饮用水水源保护条例》《河口县城市管理条例》《玉龙县拉市海高原湿地保护管理条例（修订）》。重点开展了澜沧江渔业和特色畜禽资源保护、生态公益林恢复以及流域植被矿山保护等。明确澜沧江干流两岸非平地段第一道分水岭以内、两岸平地 500 米以内及其一级支流两岸

200 米以内的区域，为生态公益林地范围。在此范围内的国有林地已对外承包种植橡胶、茶叶等长期经济林木的，应当维持现有面积，不得扩种。承包经营期满后，不得继续发包，并由县（市）林业行政主管部门收回，逐步恢复生态。

2015 年 11 月 12 日，澜沧江—湄公河合作首次外长会在云南景洪举行。与会各国一致同意正式启动澜沧江—湄公河合作进程，宣布澜沧江—湄公河合作机制正式建立，并发表了《澜沧江—湄公河合作首次外长会联合新闻公报》。此外，2016 年 3 月 23 日，澜沧江—湄公河合作首次领导人会议在海南三亚举行，会议主题为"同饮一江水，命运紧相连"。本次会议上李克强总理提出四点建议：共建澜沧江—湄公河国家命运共同体、加强互联互通和产能合作、聚焦可持续发展议题、构筑人文交流桥梁。澜沧江—湄公河合作可成为"一带一路"倡议成果的一个典范，其中流域环境保护工作是澜沧江—湄公河国际合作的重要内容之一。

（三）怒江流域生态环境保护

怒江是流经云南省的三大国际河流之一，发源于青藏高原唐古拉山南麓，经西藏流入怒江傈僳族自治州境内，纵贯贡山、福贡、泸水等县流入保山市出境。出境后称为萨尔温江（或丹伦江），最后入安达曼海。怒江处于横断山脉的核心位置，其中上游流域是全球地形最崎岖险峻的地区之一。正是由于地理上的封闭性，至今未进行大规模的经济开发，全流域的自然生态系统保存较完整。至今在干流上仍没有一座电站，没有一道拦河坝，是我国仅存的两条至今保留着天然特色的江河之一（另一条是雅鲁藏布江）。正是由于怒江生态系统仍然保持着较好的原始性，怒江大峡谷是全球 25 个生物多样性最丰富的热点区域之一，同时也是"三江并流"世界自然遗产地的关键组成部分，因此具有无可替代的科学研究价值和环境保护价值。

地处怒江腹地的怒江州，明确提出坚持绿水青山就是金山银山，着力营造绿色山川，发展绿色经济，建设绿色城镇，倡导绿色生活，建设美丽怒江。继续推进"两江"流域生态修复和绿色经济发展行动计划，在怒江沿岸的城乡、村落、公路沿线等适宜地区，着力打造靓丽的"怒江花谷"风景线。推进天然林保护、防护林建设、退耕还林、退牧还草、陡坡地和退耕地治理等重点生态工程。严格执行主体功能区规划，开发与保护并重，规范开发秩序，科学划定生态保护红线，管理保护好"三江并流"世界自然遗产。加强生态环境监测，节约和高效利用资源，推动企业清洁生产和资源循环利用，大力推进节能减排降耗。加大环境治理，实施以山、水、土壤等为重点的生态环境专项治理，强化重点流域水污染防治规划项目实施，抓好影响空气质量的污染防治工作。推进土壤环境保护和综合治理，实施好金顶凤凰山矿区国家环保部重金属土壤治理试点示范项目。加大集中式饮用水水源地保护力度。积极争取和实施一批地质灾害防治项目，加大矿山地质生态环境恢复治理，预防和减少地质灾害发生。

怒江州的环境质量稳定保持在云南省前列，城区所在地环境空气质量均达到或优于国家二级标准，州府六库城区环境空气达标率99.5%。境内主要河流怒江、澜沧江水系水质保持在Ⅲ类以上，独龙江水质保持在Ⅱ类以上；所有县级以上集中式饮用水水源地水质类别均达Ⅱ类标准；怒江州环境质量优良率保持在云南省前列。

（四）加大过境国际河流的生态环境保护

云南省分布有多条过境国际河流。云南高度重视出境、过境国际河流的生态环境保护，展示良好的国际形象。近年来，国家和云南针对云南大江大河，尤其是国际河流上的水电站建设所产生的生态影响及生态恢复做了大量的工作，如实施了澜沧江珍稀土著鱼种丝尾鳠、叉尾鲇、鲱鱼、山瑞鳖等鱼苗人工孵化研究，中国每年在西双版纳、普洱、临沧等地开展澜沧江鱼类资源增殖放流活动，采用人工方式向江河、水库等公共水域投放水生生物苗种或亲体。通过增殖放流，不仅可以有效增加天然水生生物资源，提高水域生产力，还能改善生物群落结构，修复水域生态环境。糯扎渡水电站成立了珍稀鱼类增殖放流站，每年向水库投放数百万条土著鱼类和经济鱼类，以改善流域和库区生物种群结构，维护生物多样性。

二、加强保护珠江源头生态环境

珠江是我国华南的第一大河流，发源于云南省曲靖市沾益区的马雄山东麓，干流全长 2219 千米，流经云南、贵州、广西、广东、湖南、江西六省区，流域面积 45.37 万平方千米（包括流经越南的 1 万多平方千米）。珠江上游主要指云南省境内的南盘江段，长 677 千米，流域面积为 4.33 万平方千米。

（一）珠江源头森林植被恢复

作为珠江源头的沾益区，把服从服务于珠江生态屏障建设列为重要任务，大力开展天然林保护、自然保护区、造林绿化、中低产林改造、退耕还林、农村能源、林业产业化发展等工程建设，促进了源头区生态环境不断改善。多年来，全区共完成基本口粮田、农村能源、后续产业、补植补造、技能培训项目建设 95 个，完成总投资 7007.18 万元。项目区退耕农户的剩余劳动力得到大量转移，实现了粮食稳定增产和收入持续增加，生态环境日益改善。目前全区森林覆盖率达 48.65%，森林蓄积量达 313 万立方米，生态保护走上可持续发展之路。

自 2016 年 7 月"森林沾益"建设暨林产业发展推进会议召开以来，沾益区把良好生态作为可持续发展的最大本钱，护美绿水青山、做大金山银山。重点加强珠江源省级自然保护区、海峰湿地省级自然保护区、牛过河饮用水源保护区等重要生态功能区、重要水源地的保护与管理，实施退耕还林及陡坡地生态治理，到 2020 年，力争建成 1—2 个生态文化保护区和生态文明宣传教育示范基地。对于珠江源自然保护区，全区通过加强管护、进行植被恢复等工程，增加了森林资源，抑制了生态环境恶化的趋势，在整个流域发挥了无可替代的水源涵养和生态防护功能。景区森林覆盖面积达 97% 以上，成为著名的国家级森林公园。在海峰湿地自然保护区建设方面，已累计投入 1000 余万元，通过小型水利工程建设，调节湿地的水位，增强湿地的功能，扩展湿地的面积，有效保护了生态系统多样性、生物物种多样性和遗传多样性。

（二）加大珠江流域水环境联合研究与治理

2017 年 6 月 30 日，珠江流域水环境联合研究院宣告成立。珠江流域六省区参加建立，旨在围绕流域生态环境保护战略规划及标准体系、流域环境监管和行政执法支撑技术体系、流域重大生态环境问题系统解决方案、流域生态环境保护体制机制等方面开展研究工作，并不定期开展珠江流域水环境形势分析，共同出台珠江流域水环境现状与对策年度报告，针对跨界水环境管理问题开展调研，拟定相关政策建议并报送环保部。

第三章 加快体制机制改革，夯实生态文明建设的制度基础

　　加强生态文明建设必须依靠长效机制和制度，生态文明体制改革的步伐必须加快。省委专门成立了生态文明体制改革专项小组，协调有序推进各项改革工作。目前，云南省生态文明体制改革的总体方案和实施意见已经发布，资源环境保护与管理、生态环境损害责任追究、生态补偿、生态文明政绩考核等机制初步建立，生态文明排头兵建设已有坚强的制度保障。

第一节 推进生态文明体制改革

　　2015 年 9 月，中共中央、国务院印发了《生态文明体制改革总体方案》。为了贯彻落实这一方案，2016 年 6 月发布的《中共云南省委 云南省人民政府关于贯彻落实生态文明体制改革总体方案的实施意见》，明确了改革的指导思想、改革理念、基本原

则、改革目标、理念原则、重点任务和保障措施，这是云南落实中央生态文明制度建设顶层设计和总体部署的路线图和时间表，是当前和今后一个时期全省生态文明制度建设的纲领性文件。

一、云南省生态文明体制改革任务与目标

全省生态文明体制改革任务与目标：经过 3—5 年努力，构建由自然资源资产产权制度、国土空间开发保护制度、空间规划体系、资源总量管理和全面节约制度、资源有偿使用和生态补偿制度、环境治理体系、生态环境保护市场体系、生态文明绩效评价考核和责任追究制度等八项制度构成的产权清晰、多元参与、激励约束并重、系统完整的生态文明制度体系，努力成为生态文明制度改革创新先行区。

二、稳步推进生态文明体制改革

在省委、省政府的坚强领导和省委改革办的具体指导下，省委生态文明体制改革专项小组在紧密结合省情研究制定改革要点和台账的基础上，充分发挥统筹协调作用，专题研究部署、高位推动改革工作。开展重大改革事项督察，确保全省生态文明体制改革稳步推进。重点围绕实行自然资源产权和用途管制、实施主体功能区战略、完善资源有偿使用及生态补偿制度、改革生态环保管理体制四个方面，为云南省生态文明建设提供保障。

云南省组织编制了《云南省退耕还湿试点方案（2016—2018）》《云南省限制开发区域和生态脆弱的国家级贫困县考核评价办法（试行）》《云南省跨界河流水环境质量生态补偿试点方案》《云南省环境污染强制责任保险制度试点工作方案》等。2017 年 6 月，省委生态文

明体制改革专项小组第十次会议审议了《云南生态文明建设目标评价考核实施办法》《云南省领导干部自然资源资产离任审计中长期工作规划》等。

三、加强环境保护的督察

为推进做好省级环境保护督察工作，着力解决全省突出环境问题，全面提升生态文明建设水平，云南省出台了《云南省环境保护督察方案（试行）》。

省委、省政府把开展省级环境保护督察作为落实中央环境保护督察整改要求的重要举措，将其列入 2017 年省委常委会工作要点，明确要求 2017 年要实现省级环境保护督察全覆盖。根据《云南省 2017 年环境保护督察工作计划》，将在 2017 年分 4 批次对全省 16 个州（市）开展一轮督察。督察工作以省委、省政府环境保护督察组名义开展，组长由省委组织部确定的正厅级领导同志担任，副组长由省环保厅副厅级领导同志担任，抽调省环境保护督察工作领导小组有关成员参加。督察重点是州（市）委、州（市）政府贯彻落实国家和省环境保护决策部署、解决突出环境问题、落实环境保护主体责任的情况。督察工作坚持问题为导向，围绕相关法律法规和政策措施的落实情况，重点盯住省委、省政府高度关注、群众反映强烈、社会影响恶劣的突出环境问题及其处理情况，重点检查环境质量呈现恶化趋势的区域流域及整治情况，重点督察地方党委、政府及有关部门环境保护不作为、乱作为的情况，重点了解地方落实环境保护党政同责、一岗双责，严格责任追究等情况。

截至 2017 年 8 月，已完成两批省级环境保护督察，正在开展第三批督察。

第二节　建立健全资源环境保护与管理制度

一、健全自然资源资产产权制度和用途管理制度

（一）森林资源产权制度和用途管理制度

1.确定森林保护规模和质量，制定严格的管理措施。严格保护森林植被，确保全省"十三五"末林地面积不低于2487万公顷。其中，森林面积不低于2143万公顷，森林覆盖率不低于60%，森林蓄积量达到20亿立方米，维护生态安全。严格保护湿地，全省自然湿地面积不少于39.2万公顷。在国家出台生态红线区划规范和标准的基础上，云南省在制定生态红线保护管理办法和措施中，将林地生态空间保护和恢复任务落实到山头地块，完善全省林地"一张图"。实行严格的林地定额管理、林地用途管制、林地林木权属登记制度，定期开展全省林地清理整治行动，防止林地非法流失，确保林地保护的数量和质量水平。

2.集体林权制度改革深入推进。启动了以"明晰产权、确权到户"为主要内容的集体林权制度改革。全省集体林面积2.73亿亩，已确权面积2.70亿亩，确权率98.9%；排查林权纠纷16.68万起，调处16.48万起；发放林权证573万本，股权证210万本，均利证115万本。同时积极推进了配套改革，制定出台了建设"森林云南"、林地林木流转、森林资源资产评估、推进林农专业合作社等政策文件，建立了林权管理信息系统，成立州（市）、县（市、区）两级林权管理服务机构141家，林权抵押贷款余额达136亿元，评定林农专业合作社省级示范社137家。

云南省成立了云南产权交易所有限公司林权交易中心，秉承"政府扶持与市场化操作相结合"的原则，借助全省林业系统深入到乡镇的管理体系及目前初步建立的 99 个林权管理服务中心和云南产权交易所现有的交易软硬件设施及覆盖全省的产权交易网络和多年专业从事国有资产交易的经验，为云南省林业相关的权益交易提供了一个统一的、公开的、规范的市场化交易服务平台。

3. 强化森林资源用途管理。为了加强木材运输管理，合理利用森林资源，保护生态环境，根据《中华人民共和国森林法》《中华人民共和国森林法实施条例》和《云南省森林条例》等法律法规，2016 年 12 月 8 日，云南省人民政府第 104 次常务会议通过《云南省木材运输管理规定》，规定了县级以上人民政府林业主管部门负责本行政区域内木材运输的监督管理工作，海关、公安、交通运输、商务、检验检疫等部门依照各自职责，做好木材运输的管理工作。县级以上人民政府林业主管部门以及省人民政府批准设立的木材检查站，依法对木材运输进行检查，可采取固定检查和流动稽查相结合的方式进行，并规定了相关违规处罚措施。

加快林权流转、林权档案管理等地方立法工作，形成比较完备的林权管理法规体系。严格执行林地分级保护政策，坚持节约集约用地，完善和实行林地管理制度。实行严格的林地定额管理、林地用途管制、林地林木权属登记制度，制定统一的使用林地补偿标准，探索建立林地储备制度。建立健全林地审批制度，实施严格的项目使用林预审、林地转用审批、林地征收审批和林地供应审批管理。落实林地保护利用目标增长责任制。严格林地保护和监管执法，落实监管责任。

（二）水资源产权制度和用途管理制度

1. 推进水流产权确权，在瑞丽江开展试点。水资源的确权是生态文明体制改革的重要内容，是建立现代水治理体系的重要基础。2016 年 12 月，云南省水利厅组织编制了《云南省水资源确权试点方案工作大纲》，其目的是通过试点探索建立水权制度，开展水域、岸线等水生态空间确权试点，分清水资源所有权、使用权及使用量。进一步建立健全水权交易制度，2017 年在全省推广水权交易制度，初步建立水权出让市场，3 年后，在全省范围内完善水资源资产产权制度改革，建立以水资源所有权为中心，分级管理、监督到位、关系协调、运行有效的统一管理制度。统筹协调水流产权与其他改革的关系，为在全省开展水流产权确权积累经验，切实推动云南省水流产权确权工作取得实质性进展。

综合考虑河流地理位置、资源条件各方面的情况，初步选定瑞丽江为云南省水资源确权试点河流。对试点河流分析研究，通过把水资源的使用权从流域层面分配到行政区域，再由行政区域分配给个人或单位，对水资源的使用权属加以界定和明晰，实现水资源使用权的转让和交易，把水资源配置到效益高的地方或行业，实现水资源的优化配置和高效利用。通过试点流域工作积累宝贵经验，为逐步在全省范围内建立水权水市场监管体系、开展水权交易制度建设奠定良好基础。通过试点探索建立归属清晰、权责明确、监管有效的水流产权制度，为全省开展水流产权确权积累经验。

2. 加强水资源使用权确权登记。为了加强云南省水资源管理和保护，促进水资源的节约与合理开发利用，省政府公布了《云南省取水许可和水资源费征收管理办法》，严格实施取水许可管理制度，建立全省取水许可台账体系，为水生态治理体系和治理能力现代化奠定坚实基础。全面建成省、州（市）、县（市、区）三级管理、证账相符、信息全面、便于监控的取水许可台账体系，为云南水生态治理体系和治理能力现代化发挥了重要作用。一是实现取水许可精细化管理。全省取水许可台账体系共录入取水许可证 10520 个，许可水量 3200 亿立方米。二是做到取水许可信息化管理。已接入国家水资源监控能力建设平台，适时监控的有 435 个取水户 699 个监测点，可监控许可水量 75.2 亿立方米。三是促进水资源费征收。随着取水许可台账体系的完善，全省水资源费征收由 2010 年的 6.25 亿元提高到 2015 年的 15.03 亿元，2016 年突破 20 亿元。四是夯实水生态文明建设基础。取水许可台账体系的建立，使全省水资源管理由以前的宏观粗放静态向目前的微观精准动态转变，规范合理用水，甄别核减不合理用水，有力地支撑了用水总量和强度"双控"行动。

3. 强化水资源用途监管。水资源确权后利用现有取水许可管理台账系统和水资源使用权动态管理软件，建立水资源使用权确权登记数据库，对试点区域内水资源使用权统一进行电子登记和动态管理。如遇特殊情形（如干旱年份），具有管理权限的水行政主管部门或流域管理机构可以依法对取用水量予以调整。加强监管权利人在合法的范围内进行取水，对水资源用途进行管制，健全水资源监控计量体系。权利人应当按照规定的用途取用水，未经水行政主管部门批准不得擅自改变用途。确需改变用途的，须经严格论证，防止城乡居民生活用水、基本生态需水和合理农业用水被挤占，建立最严格的水资源管理制度。元谋县全面完成水权水市场改革试点，充分运用市场机制优化配置水资源，试点成效显著。主要做法是：一是水权确权到户，培育水市场交易主体。二是创新管理机制，建立水市场交易平台。三是制定配套制度，确保水权交易规范运作。四是明确交易方式，开展多层次水权交易。

（三）矿产资源产权制度和用途管理制度

1. 矿产资源立法保护与合理开发利用。云南省早在 1997 年就颁布了《云南省矿产资源管理条例》，明确矿产资源属于国家所有，要求各级人民政府应当维护本行政区域内矿产资源的国家所有权，加强对矿产资源的保护工作。勘查、开采矿产资源，必须依法申请登记、领取勘查许可证，取得探矿权、采矿权。探矿权人、采矿权人必须依法缴纳探矿权、采矿权有偿取得的费用，开采矿产资源必须依法缴纳矿产资源补偿费。探矿权、采矿权可以依法以招标出售、拍卖、作价出资等方式转让。采矿权可以依法出租、抵押。勘查、开采矿产资源应当加强地质环境保护、地质灾害防治、水土保持、土地复垦和矿山安全工作。

2. 规范矿产资源开发秩序。为进一步整顿和规范矿产资源开发秩序，推进矿业开发管理制度改革，实现矿业经济又好又快发展，云南省于 2015 年 7 月出台了《云南省探矿权采矿权管理办法（2015 年修订）》，对于国家规划矿区、省规划重点矿区、重要成矿远景区、中型以上探明矿产地，政府可以采取整合资源的方式，加强对矿产资源的调控。明确了各级政府组织编制本行政区域内矿产资源开发利用规划、对区域矿业权设置提出意见、维护本行政区域矿产资源开发秩序等要求，以及对本级有关部门和下级人民政府履行矿产资源勘查、开发管理职责进行监督。对不具备有关安全生产、环境保护法律法规规定条件或者发生重大生产安全、环境污染事故的矿山企业依法予以关闭。

3. 规范矿业权交易，合理分配出让金。云南省于 2015 年 7 月出台了《云南省矿业权交易办法（2015 年修订）》，建立了探矿权、采矿权实行公开有偿取得制度，规定了探矿权、采矿权有偿出让或者转让应当符合法定的条件，实施审批权的报批制度。禁止非法出租、买卖或者以其他形式非法转让探矿权、采矿权。明确了探矿权、采矿权出让金应当按照"收支两条线"管理原则纳入省财政专户，专项用于省、州（市）、县（市、区）人民政府矿产资源勘查开发、地质灾害防治、矿产资源保护项目和管理性支出以及扶持矿区群众生产发展。探矿权、采矿权出让金按照省 30%、州（市）30%、县（市、区）40% 的比例进行分流和返还。

4. 加强探矿权、采矿权的取得、流转和监督管理。为培育和发展云南省矿业权交易市场，规范矿业权交易行为，促进矿产资源的优化配置，云南省 2015 年修订了《云南省矿业权交易办法》，明确了省国土资源行政主管部门是全省矿业权交易的行政主管部门，负责矿业权交易的监督管理工作。

（四）土地承包经营权确权和用途管理制度

1. 统筹谋划，精心组织，推进农村土地承包经营权确权。农村土地承包经营权是农民最重要的土地财产权利。开展农村土地承包经营权确权登记颁证工作是党中央、国务院的重大决策部署，是深化农村土地制度改革、健全社会主义市场经济体制的必然要求。做好农村土地承包经营权确权登记颁证工作，对于稳定农村土地承包关系并保持长久不变，依法维护农民土地承包经营权，赋予农民对承包地占有、使用、收益、流转及承包经营权抵押、担保权能，规范农村土地承包经营权流转，保护耕地和节约集约利用土地，解决农村土地承包矛盾纠纷意义重大。《中共云南省委　云南省人民政府关于全面深化改革扎实推进高原特色农业现代化的意见》提出云南省农村土地承包经营权确权登记颁证工作要求。中共云南省委办公厅、云南省人民政府办公厅印发《云南省农村土地承包经营权确权登记颁证工作方案》，要求云南省成立农村土地承包经营权确权登记颁证工作领导小组，全面领导全省农村土地承包经营权确权登记颁证工作，各州（市）、县（市、区）、乡（镇）和滇中产业新区均应成立确权登记颁证工作领导小组和工作机构，村（组）应成立实施小组，负责组织实施好辖区确权登记颁证工作。2014 年启动 19 个、2015 年启动 50 个、2016 年启动 60 个整县（市、区）的农村土地承包经营权确权登记颁证工作，2017 年基本完成全省农村土地承包经营权确权登记颁证任务。

2016 年 10 月，云南省组织编制了《云南省不动产登记数据整合方案》，通过将现有分散存放、介质不同、格式不一的不动产登记信息进行规范整合，依据《云南省不动产登记整合数据库标准（试行）》等不动产登记相关标准和技术规范，清理土地、房产、林权、农村土地承包经营权等原不动产登记数据，对其空间数据要素、数据格式、属性内容等进行清理整合，建立符合标准的不动产登记数据库，为不动产登记提供数据支撑和数据服务。

2. 坚持稳定农村土地承包关系并保持长久不变。开展农村土地承包经营权确权登记颁证工作，是在农村集体土地所有权确权登记发证的基础上，以已经签订的土地承包合同和已经颁发的土地承包经营权证书为基础，明确承包土地的面积、空间位置和权属等，有效解决农民实际承包经营的土地面积与原合同记载不一致等问题。确权登记颁证工作坚持原土地承包关系不变、承包户承包地块不变、二轮土地承包合同的起止年限不变，严禁借机违法调整或收回农户承包地，不得影响正常农业生产经营。在确权方式上，以确地确权为主，确需确权确股的，需经村民（代表）大会讨论通过。地块过于细碎的地方，应鼓励农民采取互利互换方式并地，以方便农业生产。

3. 实施土地用途管理。云南省出台了《云南省土地管理条例》《云南省林地管理条例》等法律法规和有关政策，按照法定登记内容和程序开展土地承包经营权确权登记颁证工作。严格执行土地利用规划，坚持土地用途管制制度、最严格的耕地保护制度和"一户一宅"农村宅基地制度，对擅自占用或改变承包地用途的行为，要依法严肃查处，限期复垦后再予以确权登记颁证。做好承包地确权登记与林地、草地、"四荒地"等相关登记的衔接，做到全覆盖，不留死角。

二、健全生态保护补偿机制和资源有偿使用制度

（一）健全生态保护补偿机制

1. 充分认识健全生态保护补偿机制的重要性。云南省地处我国长江上游（金沙江）、珠江源头（南盘江）和红河、澜沧江、怒江、伊洛瓦底江等四条国际河流的发源地和上游地区，是世界十大生物多样性热点地区之一、东喜马拉雅地区的核心区域，拥有良好的生态环境和自然资源禀赋，同时又是生态环境比较脆弱敏感的地区。作为我国西南生态安全屏障和生物多样性宝库，云南省承担着维护区域、国家乃至国际生态安全的战略任务。近年来，云南省在森林、湿地、生物多样性保护和水环境保护等领域探索实施了生态保护补偿机制，取得了阶段性进展。但总体看，全省生态保护补偿的范围仍然偏小，补偿资金来源渠道和补偿方式仍然单一，补偿配套制度和技术服务支撑仍然不足，保护者和受益者良性互动的体制机制不

完善，经济发展与环境保护矛盾日益凸显。抓住国家健全生态保护补偿机制的机遇，建立完善云南省公平合理、积极有效的生态保护补偿机制，有利于调动全社会保护生态环境的积极性，有利于促进生态保护补偿制度化、规范化，有利于推动实施主体功能区战略，促进重点生态功能区贫困人口尽快脱贫、共享改革发展成果，对云南省争当全国生态文明建设排头兵具有十分重要的意义。

2. 健全生态保护补偿机制。2017 年 2 月，云南省正式发布《关于健全生态保护补偿机制的实施意见》，重点是以体制创新、政策创新、科技创新和管理创新为动力，不断完善转移支付制度，探索建立多元化生态保护补偿机制，逐步扩大补偿范围，有效调动全社会参与生态环境保护的积极性，促进云南省生态文明排头兵建设迈上新台阶。

基本原则：权责统一，合理补偿。谁受益、谁补偿。科学界定保护者与受益者权利义务，推进生态保护补偿标准体系和沟通协调平台建设，加快形成受益者付费、保护者得到合理补偿的运行机制。统筹协调，共同发展。将生态保护补偿与实施主体功能区规划、脱贫攻坚规划、易地扶贫搬迁等有机结合，多渠道多形式支持江河水系源头地区、重要生态功能区和贫困地区经济社会发展，确保实现经济社会发展与生态环境保护双赢。循序渐进，先易后难。立足现实，着眼于解决实际问题，因地制宜选择生态保护补偿模式，不断完善现有各项政策措施，积极推广已有的成功经验，逐步加大补偿力度，由点到线到面，实现生态保护补偿的制度化、规范化。多方并举，合力推进。既要坚持政府主导，增加公共财政对生态保护补偿的投入，又要积极引导社会各方参与，探索多渠道多形式的生态保护补偿方式，拓宽生态保护补偿市场化、社会化运作的路子。

（二）健全矿产资源有偿使用制度与矿山环境修复制度

1.建立矿产资源有偿使用制度。云南省早在 20 世纪 80 年代初期，就开始对磷矿开采征收覆土植被及其他自然环境破坏恢复费，这是我国关于生态补偿机制的最早探索之一。90 年代初期实施了《云南省征收乡镇集体矿山企业和个体采矿的矿产资源开发管理费暂行办法》，开征了矿产资源开发管理费。后期又出台了《云南省矿产资源补偿费征收管理实施办法》，"十一五"开始全面征收矿产资源有偿使用费。矿产资源有偿使用费应缴费额以采矿权矿区范围内的占用资源储量为基础进行计算，目前在全省范围内缴纳采矿权使用费、采矿权价款、矿产资源补偿费和资源税。

为了加强矿山地质环境保护，有效防治矿山地质灾害，促进经济社会可持续发展，云南省出台了《云南省矿山地质环境恢复治理保证金管理暂行办法》，要求凡是在云南省行政区域内从事矿产资源开发活动的采矿权人，必须依法履行矿山地质环境保护与恢复治理的义务，按照该办法向县级以上国土资源行政主管部门作出书面承诺，并交存保证金。采矿权人履行了矿山地质环境保护与恢复治理义务，经验收合格的才返还保证金本金及利息；经验收不合格的，需责令其限期恢复治理，限期恢复治理经复验合格后，才返还保证金本金及利息；未履行矿山地质环境保护与恢复治理义务或者验收不合格，逾期不进行恢复治理或者恢复治理后仍达不到要求的，由负责保证金管理的国土资源行政主管部门组织招、投标，使用其交存的保证金及利息实施恢复治理。

2.制定了矿山地质环境恢复治理标准。颁布实施了《云南省矿山地质环境恢复治理标准》，针对六种不同矿山地质环境恢复治理类型即矿山地质灾害治理类、土地整治类、生态恢复类、矿山公园类、水资源恢复治理类、综合整治类提出地质环境恢复治理的达标程度基本要求，使其验收有了具体的标准。如矿山露天与地下采矿形成的露天采空区、地面沉降区、塌陷区、地表移动变形区，要求因地制宜进行工程治理，如回填复垦、种草植树、蓄水养殖等，受损土地得到再生利用，生态与景观环境已经修复，并与周围环境相协调。停产、转产矿山地下留设的安全矿柱保存完好，闭坑矿山对采空区已进行必要的封闭或充填，矿区无重大塌陷隐患。废水井已及时回填。要求矿山固体废物堆场（排土场、废石场、废矿渣场、尾矿库等）因地制宜进行综合整治。矿山固体废物堆场已进行整理，边坡经整治已达到稳定状态，对影响人居安全、耕地与重要设施的地段已修建拦挡工程和截排水沟，能有效防治堆场边坡垮塌或产生泥石流危害。矿山采矿、选冶产生的含有毒有害或放射性成分的固体废物，已采取防水、防渗漏措施，覆土石深埋，在地表或边坡无出露。

对矿山建设与矿业活动过程中引起的矿山地质灾害类的治理提出相应标准，如矿山滑坡、崩塌地质灾害治理标准、矿山地面变形破坏（包括地面沉降、塌陷、地裂缝等）与地面岩溶塌陷治理标准、矿山泥石流治理标准等。

（三）健全水资源有偿使用与生态补偿制度

1. 建立水资源有偿使用和取水许可证制度。为了加强水资源管理和保护，促进水资源的节约与合理开发利用，云南省制定了《云南省取水许可和水资源费征收管理办法》，规定了在本省行政区域内利用取水工程或者设施直接从江河、湖泊或者地下取用水资源的单位和个人，应当按照规定，申请领取取水许可证，并依法缴纳水资源费。规定了取水许可应当遵循先从地表取水、后从地下取水，先从江河取水、后从湖泊取水的原则，湖泊的取水许可，应当首先满足城乡居民生活用水，并兼顾生态与环境、农业、工业用水以及航运等需要。要求取水审批机关在审批取水量时，应当在本行政区域的取水许可总量控制指标内，对水资源取水实施总量控制管理，上级水行政主管部门下达的可供本州（市）行政区域取用的水量，取水人应当按照经批准的计划或定额取水，超计划或者超定额取水的，对超出部分实施累进收取水资源费。

2. 推进农业水价综合改革。2016 年 8 月，省政府印发了《关于加快推进农业水价综合改革的实施意见》，提出建立农业水权制度，实行农业水价分级管理，推行超定额（计划）累进加价制度，建立节水奖励机制，力争用 8 年左右的时间，实现农业水价改革目标。要求高效节水项目建设区、大型灌区和有条件的中型灌区、国家现代农业建设示范区等重点地区要加快改革步伐，力争通过 3—5 年的努力，建立健全合理反映供水成本、有利于节水和农田水利改革创新、与投融资体制相适应的农业水价形成机制；农业用水价格总体达到运行维护成本水平，农业用水总量控制和定额管理普遍实行；可持续的精准补贴机制和节水奖励机制普遍建立，先进适用的农业节水技术措施普遍应用，农业种植结构实现优化调整，农业用水方式由粗放型向集约型转变，率先实现改革目标。

全面落实最严格水资源管理制度，逐步建立农业灌溉用水总量控制和定额管理制度；鼓励发展农民用水自治、专业化服务、水管单位管理和用水主体参与等多种形式的终端用水管理模式；农业水价按照价格管理权限实行分级管理，可实行政府定价，也可实行协商定价；由当地价格主管部门组织开展供水成本监审或调查，合理制定各环节农业水价并适时调整；建立农业用水精准补贴机制，补贴标准根据定额内用水成本与运行维护成本之间的差额确定；建立节水奖励机制，根据节水量对采取节水措施、调整种植结构节水的规模经营主体、农民用水合作组织和农户给予奖励。建立健全水市场交易平台，积极开展水权交易，鼓励用水主体转让节水量，政府或其授权的水行政主管部门、灌区管理单位可予以回购。在满足区域内农业用水的前提下，推行节水量跨区域、跨行业转让交易。

3. 水资源费征收突破 20 亿元。到 2015 年底，云南地表水水资源费平均征收标准不低于 0.2 元/立方米，地下水水资源费不低于 0.5 元/立方米，其平均征收标准已接近或稍高于国家发改委、财政部和水利部联合下发的《关于水资源费征收标准有关问题的通知》要求的最低标准。

"十二五"以来，严格落实水资源取水许可管理制度和有偿使用制度，进一步加强和规范取水许可管理，加强水资源费日常征收管理，加大了现场监督检查力度，做到依法征收、应收尽收。积极协调推进跨省和重大取用水户的水资源费征收工作。加强了水资源费缴纳汇算清缴工作，积极主动协调，向三峡金沙江川云水电开发有限公司溪洛渡水电站、云南水投牛栏江滇池补水工程有限公司等追缴了欠缴的水资源费。通过采取有力措施，强化了取水许可管理，加强了水资源费征收工作，水资源费征收连续取得新突破，在 2013 年、2014 年、2015 年连续突破 10 亿元、12 亿元和 15 亿元之后，2016 年突破 20 亿元，全省全年水资源费征收额达到 20.6 亿元，再次跨上新台阶。2016 年建立全省取水许可台账体系。

4. 水环境质量生态补偿首批试点。《云南省人民政府办公厅关于健全生态保护补偿机制的实施意见》要求探索开展州（市）跨界河流上下游、牛栏江引水和滇中引水等重大跨流域工程调水区和受水区、重要水源地上下游等开展水权交易试点。以滇池流域、牛栏江流域、普渡河流域、南盘江流域企业为先行试点，构建排污权交易管理平台；推进金沙江和珠江重点流域、九湖流域、滇中、滇东南等重点区域间和区域内部排污权交易。对率先达成协议、具备突出生态价值的重点补偿项目，省财政给予资金支持。探索建立云南省流域上下游横向生态补偿机制。

2016 年云南省制定《云南省跨界河流水环境质量生态补偿试点方案》，云南省首批纳入试点的有曲靖市和昆明市。云南省跨界河流水环境质量生态补偿总体目标是引导上游人民政府全面履行对辖区环境质量负责的法定责任，切实加强水环境污染综合防治，有效保护和改善流域水环境质量。补偿试点范围为南盘江流域（曲靖—昆明），跨界所属行政区域包括曲靖市和昆明市，考核段断面为南盘江流域天生桥断面。补偿试点时间为 2015 年 1 月至 2016 年 12 月。补偿方式以年度考核断面水质达到相应的目标类别标准，按照考核指标浓度年均值采用单因子评价法进行补偿。对补偿基准、补偿对象、补偿标准、补偿试点水质同步监测技术方案以及补偿资金的划拨与使用作了明确规定。2017 年已从生态功能转移支付资金中实施了扣减，完成补偿。

（四）野生动物保护保险制度试点

多年来，随着野生动植物保护与自然保护区建设、天然林保护和退耕还林等林业重点生态建设工程的实施，野生动物种群数量明显增加，生物多样性保护成效显著。但由于农林交错、人员活动频繁等因素，亚洲象、黑熊、猕猴、野猪、蛇类和鸟类等野生动物肇事造成了较为严重的经济损失，极大地影响了边疆民族地区群众的生产生活，群众反映强烈，要求政府采取相关措施。

  云南省 1992 年开始在全国率先开展野生动物肇事补偿工作。2017 年为平衡保险盈亏，提高补偿标准，在全省推动野生动物肇事公众责任保险与森林火灾保险合并招标。截至目前，省级财政预算资金已从 10 年前的 400 多万元增加到 4500 万元，增长了近 10 倍。全省共投入保费 2.19 亿元，保险公司赔付 2.16 亿元，对 10 万余起野生动物损害事件进行补偿，在一定程度上有效缓解了野生动物肇事给群众带来的严重经济损失问题。公众责任保险试点工作进一步提高了试点地区野生动物肇事损害补偿标准，有效缓解了受灾群众与政府之间的矛盾，维护了边疆稳定和民族团结。

  野生动物肇事公众责任保险是解决野生动物肇事损害补偿问题的有效途径之一，是政府、企业和群众多赢的好方法。云南省的主要做法：一是政府全额出资投保。野生动物资源属于国家所有，野生动物肇事前无受害特定对象，所以，保险费用全部由政府出资，群众不支付保险费用，为开展公众责任保险试点工作提供了强有力的经费保障。二是选择优质承保公司。经过多方询价，科学制订保险方案，采取公开、公平、公正的招标方式选择承保公司，太平洋财险、人保财险、阳光保险、诚泰财险和人寿财险等多家国有大型保险公司先后参加了承保工作，雄厚的经济实力确保了良好的服务质量。三是探索多种方式承保。承保方方面，有独家承保和联合共保等；现场查勘定损方面，有保险公司当地服务机构查勘定损、保险公司委托基层林业部门查勘定损并支付代理费等多种方式，确保了赔付的及时性。四是加强宣传和培训。印刷、发放保险理赔手册、宣传单等宣传资料，举办了 7 期保险宣传培训班，先后培训 2000 余人次，让群众知晓保险范围、赔偿标准等内容和要求，为顺利开展公众责任保险试点工作奠定良好的群众基础。通过多年的积极实

践，取得了积极成效。一是受灾群众得到更多实惠。人员死亡案件
一次性赔偿 20 万元（2017 年普洱市已提高到 40 万元）；人员受
伤案件，除支付医药费外，按合同约定支付护理费和伤残补偿金等
有关费用。财产损失案件按照保险合同约定标准赔偿，保险赔偿标
准是原政府补偿办法标准的 4 倍左右，受灾群众得到了更多实惠。
二是损失评估更加准确及时。保险公司的参与在基层政府部门和受
灾村民之间增加了中间人，克服了过去由于体制、机制的弊端和人
员不足等原因带来的问题和困难，调查评估结果更加客观、公正、
准确。三是受灾群众得到及时赔付。政府补偿一般是当年调查统计
损失次年初兑现，购买公众责任保险后，在受理赔偿案的下一季度
即可进行赔付，受灾群众的困难和问题得到及时解决。四是促进了
社会和谐稳定。由于野生动物造成的损害得到及时、合理的赔偿，
保护了群众的合法权益，受到群众充分肯定和赞扬，减少了群众与
政府的直接冲突和矛盾，改善了干群关系，促进了民族团结，维护
了边疆稳定。

（五）健全森林资源占用与补偿制度

为了保护、培育和合理利用森林资源，促进林业发展，改善生
态环境，云南省颁布了《云南省森林条例》和《云南省林地管理条
例》，明确了临时或永久占用各类林地的审批权限，要求临时占用
林地的单位和个人，应当在使用期满后负责恢复林业生产条件，应
当对林地所有者或者经营者进行补偿。对移植树木，明确无偿移植
树木的，移植者应当按照所在地县级林业行政主管部门或者乡镇人
民政府指定的地点，补种移植树木株数 5—10 倍的树木；有偿移植
树木的，供树者应当按照所在地县级林业行政主管部门或者乡镇人
民政府指定的地点，补种移植树木株数 5—10 倍的树木；不补种树

木的，由县级林业行政主管部门代为组织补种，所需费用由移植者或者供树者承担。移植珍贵树种、古树名木或者自然保护区内的树木，依照有关法律、法规规定执行。禁止连片采挖树木。

规定任何单位和个人不得非法占用、征收、征用林地，不得擅自改变林地用途，不得超过批准范围使用林地。占用、征收、征用林地的单位或者个人应当向被占用、征收、征用林地的所有权人或者使用权人支付林地补偿费，向林木所有权人支付林木补偿费，向林地使用权人支付安置补助费。临时占用林地的，应当向所有权人或者使用权人支付林地补偿费，向林木所有权人支付林木补偿费。占用及临时占用林地的单位和个人应当按照国家有关规定缴纳森林植被恢复费。

（六）生态公益林补偿制度

1. 公益林管理及森林生态效益补偿制度。云南省公益林区划界定面积 18840.64 万亩。其中，国家级公益林 11877.70 万亩，省级公益林 5946.94 万亩，市县级公益林 1016 万亩，分别占全省公益林面积的 63.0%、31.6%、5.4%。公益林管理权限及森林生态效益补偿资金投入实行按照事权等级分级负责机制，全省国家级及省级公益林 17824.64 万亩纳入森林生态效益补偿的为 13207.12 万亩，纳入天然林资源保护工程国有林管护的为 4617.52 万亩。国家级及省级公益林森林生态效益补偿面积 13207.12 万亩中，国家级公益林 8540.01 万亩，其中国有国家级公益林 1569.98 万亩、集体及个人国家级公益林 6970.03 万亩；省级公益林 4667.11 万亩，其中国有省级公益林 136.67 万亩、集体及个人省级公益林 4530.44 万亩。

根据《国家级公益林区划界定办法》，按照林地保护等级划分标准将国家级公益林划分为一级国家级公益林和二级国家级公益林两个等级，专门规定非国有林的公益林区划界定应当征得林权权利人同意。国家级公益林管理按照《国家级公益林管理办法》执行，遵循"生态优先、严格保护，分类管理、责权统一，科学经营、合理利用"的管理原则，由中央财政安排资金用于国家级公益林的保护和管理，实行"总量控制、区域稳定、动态管理、增减平衡"的管理机制。地方公益林的区划界定和管理按照《云南省地方公益林管理办法》执行。

2. 补偿资金。管理按照《中央财政林业补助资金管理办法》《云南省森林生态效益补偿资金管理办法》等执行。中央和地方各级财政按照事权划分安排森林生态效益补偿专项资金，分别用于国家级公益林和地方公益林的保护和管理。森林生态效益补偿资金包含管护费和补偿费两部分，国有公益林补偿资金全为管护费，集体及个人所有公益林补偿资金包含管护费和补偿费。管护费用于公益林保护及管理支出，补偿费用于补偿林权权利人。

2014—2017年中央和省级财政累计投入森林生态效益补偿资金72.45亿元，其中中央财政44.95亿元、省级财政27.50亿元。具体为：2014年执行国有国家级公益林管护费补助5元/亩、集体及个人国家级公益林生态效益补偿15元/亩、国有省级公益林管护费补助5元/亩、集体及个人省级公益林生态效益补偿15元/亩标准，中央和省级财政投入森林生态效益补偿资金17.79亿元，其中中央财政10.93亿元、省级财政6.86亿元；2015年执行国有国家级公益林管护费补助6元/亩、集体及个人国家级公益林生态效益补偿15元/亩、国有省级公益林管护费补助5元/亩、集体及个人省级公益林生态效益补偿15元/亩标准，中央和省级财政投入森林生态效益补偿资金17.93亿元，其中中央财政11.07亿元、省级财政6.86

亿元；2016 年执行国有国家级公益林管护费补助 8 元 / 亩、集体及个人国家级公益林生态效益补偿 15 元 / 亩、国有省级公益林管护费补助 6 元 / 亩、集体及个人省级公益林生态效益补偿 15 元 / 亩标准，中央和省级财政投入森林生态效益补偿资金 18.22 亿元，其中中央财政 11.34 亿元、省级财政 6.88 亿元；2017 年执行国有国家级公益林管护费补助 10 元 / 亩、集体及个人国家级公益林生态效益补偿 15 元 / 亩、国有省级公益林管护费补助 8 元 / 亩、集体及个人省级公益林生态效益补偿 15 元 / 亩标准，中央和省级财政投入森林生态效益补偿资金 18.51 亿元，其中中央财政 11.61 亿元、省级财政 6.90 亿元。

昆明市在实施国家级及省级公益林 928.44 万亩生态效益补偿的基础上，2009 年启动市县级公益林 155.78 万亩生态效益补偿，并参照国家级及省级公益林补偿标准逐年安排财政资金用于生态效益补偿，2015 年后市级财政每年安排补偿资金达 2350 万元。

（七）碳汇研究与碳汇交易中心建设

1. 碳汇研究及试点。云南省森林碳汇研究有着天然的优势。云南省是我国四大林区之一，具有较强的森林碳汇能力，物种丰富，生物多样性强，具有发展森林碳汇的巨大潜力。例如思茅松、云南松等树种生长速度快、平均固碳量较高、碳汇能力强，不但具有较高的经济价值，而且还是森林碳汇项目建设的优良树种。云南地处长江、珠江、澜沧江、红河、怒江、伊洛瓦底江等六大水系源头或上游，是国家乃至世界生物多样性宝库和生态安全屏障，森林生态系统服务功能价值高，位居全国前列，是我国重要的碳库。可再生能源丰富，能源结构优化空间大。由于全省地跨六大水系，有 600 多条大小河流，在水能资源开发方面具有许多其他省份和地区不可比拟的优势，并且光能、热能、风能、地热、生物质能的利用前景十分可观，能源结构优化的空间大，从而有利于减少和控制碳排放量，增加森林碳汇储备总量，为碳汇交易市场有充足的货源并保证市场有序运转提供了保障。

云南是国内最早开展清洁发展机制（CDM）的省份之一，目前清洁发展机制项目在联合国注册 297 项，签发 130 项，分列全国第一、第二位，获国家发改委批准 479 项并居全国第二位。在发展森林碳汇项目上也取得了突破，如腾冲县启动了"云南腾冲县 CDM 小规模再造林多重效益项目"，该项目预计在 30 年内将产生碳汇 17 万吨，是全球首个获得 CCB（气候、社区、生物多样性）标准金牌认证的项目。以上项目的成功实施为云南省推行森林碳汇交易奠定了前期工作基础。

2. 碳汇交易中心建设。深入贯彻党中央、国务院和省委、省政府关于加强生态文明建设的总体要求，以新发展理念为引领，以有效控制碳排放、实现低碳发展为导向，以建立碳排放权交易制度为核心，完成碳排放交易市场建设基础准备工作，建立健全协同推进碳排放权交易工作机制，确定云南省参与全国碳排放权交易企业事业单位名单，建立重点企业碳排放监测、报告和第三方核查制度，建立碳排放权交易总量设定与配额分配、管理、履约和监管机制，加强碳排放权交易宣传培训、人才队伍等能力建设，实现与全国碳交易市场的对接。2016 年 11 月，云南省出台了《云南省落实全国碳排放权交易市场建设实施方案》，制定了 2016—2020 年工作目标和重点任务，并依托省经济信息中心，联合省内有关科研院校和国内知名低碳领域技术研究机构，成立云南省碳排放权交易服务中心，配合省碳交易主管部门开展排放权交易市场建设和运行工作，为制定和实施碳排放权交易有关政策措施提供技术支持和平台。

3. 建立碳排放总量和强度"双控"机制。为了确保完成国家下达的碳排放总量和强度"双控"目标,以及落实习近平总书记向世界承诺"到 2030 年二氧化碳排放达到峰值"的控碳目标,推进国家低碳试点省建设,建立碳排放总量控制制度和分解落实机制,有效控制碳排放,探索具有云南特色的低碳发展模式,加快建设成为我国生态文明建设排头兵。2016 年 11 月,云南省出台了《云南省建立碳排放总量控制制度和分解落实机制工作方案》,提出各州(市)碳排放总量和强度控制目标,逐步建立碳排放总量控制制度和分解落实的长效机制,确保各地区完成碳排放总量和强度"双控"的目标任务,通过省发改委、工信委、统计局、能源局和煤炭工业局等部门研究确定全省碳排放最早达到峰值的时间和数量,制定相关的减排路线图,形成低碳发展倒逼机制,争取成为国家率先达到碳排放峰值的典型示范省份。要求各州(市)制定低碳发展 5 年规划,加快推动能源体系、产业体系、消费领域围绕着低碳转型,在全省范围内开展低碳产业园、低碳城镇、低碳社区、低碳交通、低碳商业等示范项目建设。围绕国家碳排放总量控制工作要求,建立碳排放总量控制制度和分解落实机制,健全配套政策体系,不断调整经济结构、优化能源结构、提高能源利用效率、增加森林碳汇,有效控制碳排放并争取早日达到碳排放峰值,努力走出一条符合云南省情的发展经济与低碳发展双赢的可持续发展之路。

4. 抓好低碳项目工程建设,成效显著。"十二五"期间,落实完成低碳能源建设、工业节能增效、低碳建筑、低碳交通、森林碳汇、工业园区及企业低碳化改造、能力建设及科技平台建设、政策规划及体制创新、先行先试示范、低碳生活推进等十大工程数十个项目，项目涉及 16 个州（市），而且云南省低碳发展"十三五"重点工程在"十二五"重点工程的基础上滚动实施。

在应对气候变化和减排方面，云南省着力推进自有技术的应用，如有机废气吸附回收技术、降低铝电解生产全过程全氟化碳排放技术、低水泥用量堆石混凝土技术、有色冶金高效节能电液控制集成创新技术等已进入国家重点推广低碳、节能技术清单；太阳能、风能、生物质能的开发利用和技术水平在国内跻身先进行列，并已成为科技支撑应对气候变化工作的亮点，如云南公路局节能低碳示范项目成效显著，云南加快推动"绿色交通"发展，注重走资源节约型、环境友好型发展道路，促进交通运输向集约发展转变，将制度建设作为主攻方向和重点任务，建立健全绿色循环低碳交通运输体系。云南的"绿色交通"走出一条具有云南特色的新路子，用节能降碳的实际成效回应人民群众对交通运输发展的新期待。

三、健全环境损害赔偿制度

（一）环境损害赔偿制度试点研究

2016 年 8 月 30 日上午，中央全面深化改革领导小组第二十七次会议审议通过了《关于在部分省份开展生态环境损害赔偿制度改革试点的报告》等文件，会议同意在吉林、江苏、山东、湖南、重庆、贵州、云南七省市开展生态环境损害赔偿制度改革试点。2016 年 12 月，省委、省政府发布《云南省生态环境损害赔偿制度改革试点工作实施方案》，进一步扩大了追究生态环境损害赔偿责任的情形，明确了赔偿范围，创设了赔偿磋商机制。在国家试点方案的基础上，云南省新增 3 类追责情形，即向环境（地表水、地下水、空气、土壤等）非法排放污染物（含有放射性的废物、传染病病原体的废物、有毒物质等）造成生态环境损害且直接经济损失 500 万元以上的；因污染或生态环境破坏致使国有防护林地、特种用途林地 5 亩以上，其他土地（不包括基本农田、农用地）20 亩以上，国有草原或草地 20 亩以上基本功能丧失或者遭受永久性破坏，致使国有森林资源或者其他林木死亡 50 立方米以上，或者幼树死亡 2500 株以上的；因污染或生态破坏致使《中国重要湿地名录》所列湿地自然状态改变、湿地生态特征及生物多样性明显退化、湿地生态功能严重损害的。环境损害赔偿的范围包括清除污染的费用、生态环境修复费用、生态环境修复期间服务功能的损失、生态环境功能的永久性损害造成的损失以及生态环境损害赔偿调查、鉴定评估等合理费用。

（二）环境损害赔偿制度建设

2016 年 12 月发布的《云南省生态环境损害赔偿制度改革试点工作实施方案》明确要建立生态环境修复评估机制和生态环境损害赔偿监督机制。云南省将加强生态环境修复与损害赔偿的执行和监督，引入保险、基金、债券等金融制度和手段，探索建立多样化责任承担方式和配套保障机制，确保 2017 年年底之前完成生态环境损害赔偿制度改革试点。云南省将积极开展生态环境损害赔偿社会化分担制度的研究，探索建立生态环境损害赔偿基金，扩宽基金融资渠道，推行生态环境损害责任保险制度，探索企业或行业环境损害责任信托基金制度、环境修复类债券等绿色金融手段。

（三）环境损害赔偿案例

云南首例由人民检察院提起的环境公益诉讼案。2016 年 4 月 12 日，云南省普洱市人民检察院就云南景谷矿冶股份有限公司（下称景谷矿冶公司）污染环境违法行为，向普洱市中级人民法院提起民事公益诉讼。位于景谷县的景谷矿冶公司选冶厂 8 号料液输送管道断裂，致使硫酸铜料液通过排洪道泄漏，导致景谷县民乐镇白象村和民乐村部分农田和菜地被污染，民乐镇部分河段鱼类浮头和死亡，造成当地村民直接损失 51.223 万元。污染事故发生后，景谷矿冶公司对受害村民直接损失进行了补偿。经云南德胜司法鉴定中心鉴定：除直接损失外，此次环境污染损害数额量化结果为 135.83 万元，其中包括农田环境污染损害费用 52.86 万元，生态环境损害修复费用 82.97 万元。景谷矿冶公司至今并没有对此进行赔偿，社会公共利益仍处于受侵害状态。景谷县人民检察院根据有关管辖规定，将该线索移送普洱市人民检察院，就该案向普洱市中级人民法院提起民事公益诉讼。

2016 年 12 月 2 日，公益诉讼人云南省普洱市人民检察院与被告景谷矿冶公司自愿达成调解协议。普洱中院于 2016 年 12 月 8 日将民事公益诉讼起诉书、调解协议在相关媒体进行了为期 30 日的公告。公告期满后未收到任何意见或建议。普洱中院经审查认为调解协议不违反法律规定和社会公共利益，应当出具调解书。为此，于 2017 年 1 月 16 日出具了民事调解书，并于 2017 年 1 月 18 日送达了公益诉讼人云南省普洱市人民检察院和被告景谷矿冶公司。景谷矿冶公司及时履行了约定义务。2017 年 1 月 22 日，景谷矿冶公司将生态环境损害修复费用 82.97 万元汇至云南省普洱市财政局指定的账户（普洱市环境保护局的账户）。至此，云南省首例人民法院审理人民检察院提起环境公益诉讼案调解执行完毕。由云南省普洱市人民检察院作为公益诉讼人起诉被告景谷矿冶公司环境民事公益诉讼案是全国人大授权检察机关开展公益诉讼试点后，云南省人民法院首次审理的此类案件。

第三节　逐步健全生态文明政绩考核机制

2016 年 12 月中共中央办公厅、国务院办公厅印发的《生态文明建设目标评价考核办法》，要求建立生态文明建设目标指标，将其纳入党政领导干部评价考核体系。云南省积极贯彻落实，组织编制了《云南省生态文明建设考核目标体系》，从 5 个方面 25 个指标进行考核，以及《云南省绿色发展指标体系》，从 7 个方面 45 个指标进行考核。这将为推动绿色发展和生态文明建设提供坚强保障。该考核体系基于法律、政策与政绩考核指标体系的引导性极强，要真正告别唯 GDP 论，突出生态文明建设的重要性。

一、加强环境保护任期目标责任制

（一）不断深化环保任期目标责任制的制度建设

1. 云南省环保任期目标责任制建设概况。随着经济社会发展和环境保护形势变化，按照国家统一部署和要求，云南省积极推进以环境质量保护与改善、重点污染物总量控制为核心的环保任期目标责任制建设，将环境保护目标作为各级人民政府国民经济与社会发展目标的重要组成部分，县级以上地方人民政府依法批准实施本行政区域环境保护规划，在规划中细化、明确本行政区域生态建设和环境保护目标，并据此与上级人民政府签订目标责任书。

各级人民政府批准实施的本行政区域国民经济和社会发展规划、环境保护规划是确定其环保任期目标责任制的主要依据，也是任期环保责任书的主要内容。人民政府相关职能部门根据政府环保任期目标责任书要求并结合本部门法定职责，制定本部门环保任期责任目标，实施环保任期目标责任制。

2.持续推进环保任期目标责任制建设。随着经济社会高速发展，环境问题逐步完成单一型向结构型转变，环境保护工作日趋复杂化、专业化、系统化，以政府及其主要责任人为考核对象的环保任期责任制逐渐滞后于环境保护需求。云南省准确把握环境保护形势变化，紧扣国家生态文明体制改革"1+6"总体方案，推进环保任期目标责任制向职能部门和环境治理重点领域延伸，构筑"政府—职能部门—环境治理领域"全方位、多层次环保任期目标责任制，层层签订环保任期目标责任书。责任书核心内容由"1+1"（环境质量达标＋主要污染物减排）向"1+4"（以环境质量改善为核心，全力打好大气、水、土壤污染防治三大战役，强化环境风险管控，加大生态建设与保护力度，大力促进环境治理制度建设）转变并逐步统一到绿色发展上来。目前，云南省已制定《云南省绿色发展指标体系》，拟从资源利用、环境治理、环境质量、生态保护、增长质量、绿色生活及公众满意程度等7个方面提出绿色发展指标。随着生态文明建设深入推进和《云南省绿色发展指标体系》颁布实施，环保任期目标责任书将转变为绿色发展目标责任书。

2016年8月，中共云南省委印发《各级党委、政府及有关部门环境保护工作责任规定》，清晰界定各级党委、政府及其职能部门以及审判、检察机关和企事业单位环境保护工作责任，县级以上党委、政府应当制定本行政区域环境保护目标，并向本级党委、政府有关部门和下级党委、政府下达年度环境保护目标任务，将目标任务完成情况纳入领导班子和领导干部考核指标体系。

（二）严格落实环保任期目标责任制

"制定—执行—考核"环保目标责任，是严格落实环保任期目标责任制的关键，环保任期目标责任制考核是核心。近年来，云南省充分利用不断完善的环境监测制度、环境资源承载能力监测预警机制、环境影响评价制度、主要污染物总量控制制度及排污许可制度，综合采取约谈、环评文件区域限批、县域生态环境质量考核等形式，及时督促各级人民政府全力推进环保任期目标责任制完成。目前，云南省已制定《云南省生态文明建设目标评价考核实施办法》，将对各级人民政府绿色发展任期目标责任完成情况实施科学、系统的考核，将极大地推动环保任期目标责任制落到实处。

云南省发布的《各级党委、政府及有关部门环境保护工作责任规定（试行）》明确各级党委、政府及有关部门环境保护目标任务考核规定，将目标任务完成情况纳入领导班子和领导干部考核体系。实行环境保护"一票否决制"，把环境保护作为对各级领导干部考核、评优和评选各类先进的重要依据。通过实施"一票否决制"管住人，绿色发展管住事，合力推进新时期环保任期目标责任制落地。

（三）积极促进环保任期目标责任制与责任追究制度挂钩

严格未完成环保任期目标责任追究，任期目标责任完不成的，不仅要严格执行各级领导干部考核环境保护"一票否决制"，还应按照《云南省审计厅关于贯彻落实〈开展领导干部自然资源资产离任审计试点实施方案〉促进加快推进生态文明建设的意见》《中共云南省委办公厅　云南省人民政府办公厅关于印发〈云南省党政领导干部生态环境损害责任追究实施细则（试行）〉的通知》《中共云南省委　云南省人民政府印发〈关于完善审计制度若干重大问题的实施意见〉及相关配套文件的通知》等规定追究各级领导干部责任。

通过将环保任期目标责任制与责任追究挂钩，防止制定目标任务时拍脑袋决定、拍胸脯保证、拍屁股走人，目标制定后不作为、乱作为，考核目标完成情况时推诿、扯皮，切实发挥任期目标责任制功能和作用。

二、推进领导干部自然资源资产离任审计

（一）积极开展离任审计试点示范

为认真贯彻落实领导干部自然资源资产离任审计试点制度，中共云南省委办公厅、云南省人民政府办公厅及时印发国务院办公厅《开展领导干部自然资源资产离任审计试点实施方案》，要求2016年和2017年组织开展试点，2018年全面开展领导干部自然资源资产离任审计工作，建立经常性的审计制度。审计涉及的重点领域包括土地资源、水资源、森林资源以及矿山生态环境治理、大气污染防治等领域。要对被审计领导干部任职期间履行自然资源资产管理和生态环境保护责任情况进行审计评价，界定领导干部应承担的责任。

2016年3月，云南省审计厅印发《云南省审计厅关于贯彻落实〈开展领导干部自然资源资产离任审计试点方案〉促进加快推进生态文明建设的意见》，对组织开展试点工作提出明确要求，要求各级审计机关要根据《试点实施方案》的要求，分阶段、分步骤开展试点工作。根据组织部门委托建议，确定部分地方党委和政府主要领导干部为审计对象试点，科学组织实施。2016年，对昭通市开展领导干部自然资源资产离任审计试点，该项目与昭通市党政主要领导干部的经济责任审计同步实施；同时，组织大理州和普洱市审计机关开展2个试点项目。2017年，除了继续开展1个自然资源资产离任审计试点项目外，还将组织德宏州和曲靖市审计机关开展2个试点项目，不断探索完善离任审计制度体系。

1.努力创新审计方式方法。坚持边实践边总结，不断探索创新审计的新方式、新方法，提高自然资源资产离任审计的效率和效果。以领导干部自然资源资产离任审计为主，积极探索离任审计与任中审计相结合，自然资源资产离任审计与经济责任审计、财政审计、投资审计、金融审计、企业审计、资源环境审计、涉外审计相结合的方式，多渠道积累审计经验，维护生态环境安全。结合被审计地区自然资源的特点，以编制自然资源资产负债表试点相关内容和相关部门统计监测数据为基础，因地制宜地确定审计重点并实施审计工作。及时总结，交流推广经验，集思广益，群策群力，创新审计方式方法。

2.科学制定中长期工作规划。领导干部实行自然资源资产离任审计是一项长期的工作，重在坚持、贵在持久，需在充分调研和总结试点工作成果的基础上，科学编制云南省领导干部自然资源资产离任审计中长期规划。各地也应结合实际，科学制定中长期工作规划，将环境问题突出、重大环境问题频发、环境保护责任落实不力的地方党委和政府领导干部作为先期审计对象，待试点工作逐步规范、完善后，全面开展领导干部自然资源资产离任审计。中长期工作规划将紧紧围绕工作目标、方针政策、重点领域、实现路径等方面，对未来5—10年的工作进程予以规划和展望，促进领导干部自然资源资产离任审计工作科学、规范、有序开展。

3.完善组织协调工作机制。各地建立由审计机关牵头，组织、监察、公安、财政、国土、农业、林业、水利、环保、发改委、工信委、住建、交通、统计等部门共同参加的审计联动工作机制，明确各部门职责分工，加强沟通协调，实现资源信息共享，审计结果互用，为审计机关提供专业帮助和技术支持，共同做好领导干部自然资源资产离任审计试点工作。试点工作中发现的重大情况，由省审计厅向省委全面深化改革领导小组报告，并由省委生态文明体制改革专项小组负责统筹协调解决试点中的问题。州（市）审计机关在开展试点工作中遇到困难和问题，应及时向省厅汇报。各级审计机关要及时向本地经济责任审计工作领导小组或联席会议汇报审计试点工作情况，各级领导小组或联席会议要加强对本地区试点工作的领导，听取情况汇报，保障审计试点工作的顺利开展。

4. 不断深化理论研究。加强领导干部自然资源资产离任审计的理论研究，积极与高等院校和科研机构开展合作，及时总结提炼审计实践中取得的经验和成果，丰富提高理论研究水平，更好地发挥理论研究对审计实践的指导作用。逐步完善自然资源资产离任审计的评价体系，与有关主管部门共同研究审计评价的内容、标准、指标，针对不同类别的领导干部或不同地区、单位，细化审计目标，规范审计标准和审计评价指标体系。在充分调研的基础上，建立符合云南省实际的领导干部自然资源资产离任审计制度。

5. 加强专业队伍建设。加强人员培训和人才引进，加大专业技术投入力度，提升自然资源资产、环境保护等方面的审计能力和水平，着力培养建设能够对自然资源资产量价进行评估审核的专业人才队伍。审计将在现有审计专家库基础上，不断增补在资源、环保领域有专长的外部专家，通过政府购买服务等方式，积极聘请外部专家、社会中介机构等，共同参与自然资源资产离任审计实践，弥补审计人员专业知识和技能上的不足，从而有效整合审计资源，提高审计效率和质量。

（二）不断强化离任审计结果运用

按照中央关于"源头严防、过程严管、后果严惩"的要求，积极推动领导干部自然资源资产离任审计结果应用。建立健全审计机关与组织人事、纪检监察、公安、检察以及其他有关主管单位的工作协调机制，把审计监督与党管干部、纪律检查、追责问责结合起来，强化审计结果运用，把审计结果及整改情况作为考核、任免、奖惩领导干部的重要依据。对审计发现的需要追究领导干部责任的重大问题，按有关规定和干部管理权限移送组织部门、纪检监察机关、司法机关等，依法依规追究相关人员的责任。逐步探索规范有序的结果运用工作程序，推动建立生态环境损害责任追究沟通机制，推动对领导干部追责问责，不断提升审计结果运用层次和水平。建立听取和审议审计查出问题整改情况报告机制。依法依规向社会公告审计结果，被审计单位要向社会公告整改结果。

（三）全面推进各项制度融合衔接

《生态文明体制改革总体方案》明确对领导干部实行自然资源资产离任审计的改革方向：在编制自然资源资产负债表和合理考虑客观自然因素基础上，积极探索领导干部自然资源资产离任审计的目标、内容、方法和评价指标体系。以领导干部任期内辖区自然资源资产变化状况为基础，通过审计，客观评价领导干部履行自然资源资产管理责任情况，依法界定领导干部应当承担的责任，加强审计结果运用。

对领导干部实行自然资源资产离任审计，是以领导干部任前自然资源资产负债表为基础，审计的对象是领导干部任期内自然资源资产变化状况。为支持推动领导干部自然资源资产离任审计试点工作，及时印发《云南省自然资源资产负债表试点方案》《云南省自然资源资产负债表试编制度（编制指南）》等文件，选取禄劝县、新平县、弥勒市、盈江县4个县（市）作为云南省开展自然资源资产负债表试编工作的试点县（市），探索开展土地、森林和水资源资产负债核算编表。通过对试点县（市）工作检查指导、认真做好试点工作总结和报告、召开省级相关部门业务研讨等切实有效的工作，极大地推动了自然资源资产负债表编制工作开展。

对领导干部实行自然资源资产离任审计，离不开严格的责任追究。通过将离任审计与环保任期目标责任制、生态环境损害责任终身追究制等责任追究制度融合衔接，切实保障自然资源资产离任审计制度贯彻落实。

三、坚持责任追究制度及责任倒查机制

（一）不断完善责任追究制度

建立生态环境损害责任终身追究制是补齐责任追究制度短板的关键，也是防止决策失误造成生态环境损害的最后一道防线。《生态文明体制改革总体方案》要求：实行地方党委和政府领导成员生态文明建设一岗双责制。以自然资源资产离任审计结果和生态环境损害情况为依据，明确对地方党委和政府领导班子主要负责人、有关领导人员、部门负责人的追责情形和认定程序。区分情节轻重，对造成生态环境损害的，予以诫勉、责令公开道歉、组织处理或党纪政纪处分，对构成犯罪的依法追究刑事责任。对领导干部离任后出现重大生态环境损害并认定其需要承担责任的，实行终身追责。

为补齐生态环境损害责任追究制度短板，中共云南省委办公厅、云南省人民政府办公厅在 2016 年印发《云南省党政领导干部生态环境损害责任追究实施细则（试行）》，积极推动生态环境损害责任追究制度建设。

《云南省党政领导干部生态环境损害责任追究实施细则（试

行）》规定：党政领导干部生态环境损害责任追究，坚持依法依规、客观公正、科学认定、权责一致、终身追究的原则。该细则进一步规定了应当追究相关地方党委和政府主要领导成员责任、应当追究相关地方党委和政府有关领导成员责任、应当追究政府有关工作部门领导成员责任的情形，明确党政领导干部生态环境损害责任追究形式包括：诫勉、责令公开道歉；组织处理，包括调离岗位、引咎辞职、责令辞职、免职、降职等；党纪政纪处分。《云南省党政领导干部生态环境损害责任追究实施细则（试行）》首次明确实行生态环境损害责任终身追究制。对违背科学发展要求、造成生态环境和资源严重破坏的，责任人不论是否已调离、提拔或者退休，都必须严格追责。领导干部离任审计结果，是实行生态环境损害责任终身追究制的重要依据。将党政领导干部责任追究与政绩考核挂钩。受到责任追究的党政领导干部，取消当年年度考核评优和评选各类先进的资格。受到调离岗位处理的，至少一年内不得提拔；单独受到引咎辞职、责令辞职和免职处理的，至少一年内不得安排职务，至少两年内不得担任高于原职务层次的职务；受到降职处理的，至少两年内不得提升职务。同时受到党纪政纪处分和组织处理的，按照影响期长的执行。

作为生态环境损害责任追究制的重要补充，2016 年云南省先后发布《中共云南省委办公厅　云南省人民政府办公厅关于印发〈云南省生态环境损害赔偿制度改革试点工作实施方案〉的通知》《云南省环境保护厅　中国保监会　云南监管局〈关于印发云南省环境污染强制责任保险试点工作方案〉的通知》，通过积极推进生态环境损害赔偿制度改革试点及环境污染强制责任保险试点工作，全方位防范生态环境损害。

（二）建立健全责任倒查机制

责任倒查是指对发生的各类责任事件和需要倒查的责任事项作出最终处理处置后，由下至上逐级调查各责任人的履职情况，依法依规追究相关责任人责任。实施生态文明建设责任倒查，能够有效监督和促进各级党委、政府和有关部门依法依规履职，有效防止和堵塞生态文明建设决策、行政审批、工作推进、监督管理中存在的问题和漏洞，有针对性地提出改进措施和建议，努力防止同类事件再次发生。

责任倒查与责任追查相辅相成、互为补充，建立健全责任倒查机制，补齐责任倒查短板，是完善责任追究制度的重要内容。实施责任倒查，就是不仅要查处当事人，而且要追究责任人，一查到底、问责到人。云南省将责任倒查要求融入《云南省党政领导干部生态环境损害责任追究实施细则（试行）》，明确规定"各州（市）、县（市、区）党委和政府对本地区生态环境和资源保护负总责，党委和政府主要领导成员承担主要责任，其他有关领导成员在职责范围内承担相应责任。省、州（市）、县（市、区）党委和政府的有关工作部门及其有关机构领导人按照职责分别承担相应的责任"。通过推进实施环保任期目标责任制和生态环境损害责任终身追究制，以领导干部自然资源资产离任审计为抓手，持续推进包括责任追查和责任倒查在内的责任追究制度建设，基本建立起云南省责任追究制度。

严格责任追究是推进生态文明建设的重要保障，实行责任倒查是补齐责任追究制度短板的重要举措。在强化各级党委、政府和有关部门责任意识、建立责任体系、加强责任监督基础上，严格责任追究，基本形成部门联动、齐抓共管、责任追查与责任倒查结合、社会有效监督、全方位无死角的责任追究落实机制。通过严格的责任追究，突出抓好领导干部责任落实，抓好关系全省生态文明建设全局、关系人民群众切身利益的责任落实，改进领导干部培训、考核、监督和任用机制，完善干部奖惩和激励机制，全面提高云南省生态文明建设工作执行力。

各级政府负有生态环境和资源保护监管职责的工作部门按照职责依法对生态环境和资源损害问题进行调查处理时，发现有《云南省党政领导干部生态环境损害责任追究实施细则（试行）》规定的追责情形的，在根据调查结果依法作出行政处罚决定或者其他处理决定的同时，对相关党政领导干部应负责任和处理提出建议，按照干部管理权限将有关材料及时移送监察机关或者组织（人事）部门。司法机关在生态环境和资源损害等案件处理过程中发现有《云南省党政领导干部生态环境损害责任追究实施细则（试行）》规定的追责情形的，应当向有关纪检监察机关或者组织（人事）部门提出处理建议。需要追究党纪政纪责任的，由纪检监察机关按照相关规定办理；需要给予诫勉、责令公开道歉和组织处理的，由组织（人事）部门按照有关规定办理。

负责作出责任追究决定的机关和部门，以及负有生态环境和资源保护监管职责的工作部门，一般应当将调查结果、行政处罚决定或者其他处理决定、责任追究情况、影响程度和范围等，通过本级或者上级主要新闻媒体、召开情况通报会等方式向社会公开，充分发挥社会舆论监督作用。

四、建立县域生态环境质量考核与生态功能补偿制度

（一）建立县域生态环境质量考核制度

1. 积极推动县域生态环境质量考核。2015 年 5 月，云南省环

境保护厅和云南省财政厅联合印发《云南省县域生态环境质量监测评价与考核办法（试行）》，正式确立县域生态环境质量考核制度。坚持生态立省、环境优先的原则，以加强生态环境保护和生态建设为目标，落实环境保护地方各级人民政府负责制，推动县域生态环境质量不断改善；坚持动态考核、奖惩并重的原则，开展县域生态环境质量年度间变化情况的定量评价，并反映生态保护和建设工作实绩，实施考核奖惩；坚持公平公正、公开透明的原则，按照统一的指标、方法等科学、客观的评价与考核，指标体系、评价方法及考核结果公开。

评价与考核内容包括生态环境质量、环境保护和环境管理共3大类20项指标。评价方法采取综合指数法，以县域生态环境质量现状和年度变化情况的量化分值为表征。《云南省县域生态环境质量监测评价与考核办法（试行）》明确规定了"直接给予当年度考核结果变差的等级"的情形。将全省129个县（市、区）纳入考核范围，成为全国首个将所有县域纳入定量生态考核的省份。

2.创新限制开发区域和生态脆弱的国家级贫困县考核评价办法。为主动践行新发展理念，云南省及时印发《云南省限制开发区域和生态脆弱的国家级贫困县考核评价办法（试行）》，针对限制开发区域和生态脆弱的国家级贫困县实行差异化考核评价，走出突破"唯GDP论"考核评价方式的关键一步。限制开发区域和生态脆弱的国家级贫困县实行差异化考核评价指标的选取以反映经济发展、社会进步和生态环保为主，选取15项指标进行考核，其中生态环保权重32%。该办法的实施将对落实主体功能区划起到极大的推进作用。

（二）建立完善生态功能区转移支付制度

云南省财政厅会同省环境保护厅等部门不断健全生态环境质量

检测考核奖惩机制,每年对全省各县(区)进行生态环境监测与评估,公布评估结果,并根据评估结果采取相应的资金奖惩措施。对生态环境变好的县,适当增加转移支付。对因非不可控因素而导致生态环境恶化的县(区),适当扣减转移支付。其中,对年度间生态环境"明显变差""一般变差""轻微变差"的县(区),分别按当年测算生态功能价值补偿性补助资金量的100%、65%、35%扣减转移支付。考核结果为"变差"的县(区),县级人民政府需提出具体、明确、可操作的整改措施,组织实施整改并专题报告整改情况。未完成整改或整改不到位的县(区),将直接给予下一年度考核结果"变差"的等级。

随着《云南省县域生态环境质量监测评价与考核办法(试行)》颁布实施,《云南省生态功能区转移支付办法》中有关县域生态环境质量监测评价与考核办法进一步细化,但其确定的转移支付原则与分配方法依然适用。《云南省生态功能区转移支付办法》和《云南省县域生态环境质量监测评价与考核办法(试行)》共同构成云南省生态功能区转移支付的法制基础,成为全省环境质量保持优良的重要保障措施。

第四节 以生态文明创建为抓手,推动生态文明建设迈上新台阶

全省各级政府始终坚持把生态创建工作作为推进生态文明建设的抓手和重要载体,常抓不懈,严格按照申报管理规定、建设指

标、工作程序，全面展开创建工作。截至 2017 年 8 月，全省 16 个州（市）的 110 多个县（市、区）开展了生态创建工作，已累计建成 10 个国家级生态示范区，85 个国家级生态乡镇，1 个省级生态文明州，21 个省级生态文明县（市、区），615 个省级生态文明乡镇。2017 年 9 月，西双版纳州和石林县获全国第一批生态文明示范区命名，西双版纳州也成为全国第一个获得生态文明示范区称号的少数民族自治州。

云南省绿色学校与绿色社区创建已持续 10 多年，共创建了 10 批省级绿色学校 921 所，其中受国家表彰的绿色学校 19 所，国际生态学校 19 所。共创建 8 批省级绿色社区 302 家，其中受国家表彰的绿色社区 7 家。还开展了全省环境教育基地的创建，共创建了 6 批省级环境教育基地 63 个，其中国家命名的中小学环境教育综合实践基地 4 家。随着绿色学校、绿色社区、环境教育基地等创建活动的陆续开展，全省绿色创建工作呈现出良好态势，成为生态文明创建活动的一个重要组成部分。

一、构建适合云南特点的生态文明创建管理制度

（一）省级生态文明创建系列管理制度建设

1. 省级生态文明州（市、县）创建制度。为深入贯彻落实党的十八大精神，大力推进云南省生态文明创建工作，组织制定了《云南省生态文明州市县区申报管理规定（试行）》。明确了云南省生态文明州（市）、生态文明县（市、区）申报范围、申报条件、申报内容与时间、技术评估与考核验收、监督管理等要求。规定的建设指标分为两大类：一为基本条件，二是建设指标。建设指标又分为三个方面，分别为经济发展、生态环境保护和社会发展。为突出

云南西南生态屏障、森林保护、生物多样性保护的战略地位，《云南省生态文明州市县区申报管理规定（试行）》在指标中增加了森林覆盖率年增幅、林地面积年增幅、生态公益林地占林业用地面积比例等特色指标。

2. 省级生态文明乡镇创建制度。为加速推进云南省农村环境保护工作，建设农村生态文明，组织修订了《云南省生态乡镇建设管理规定》，并更名为《云南省省级生态乡镇（街道）申报及管理规定（修订）》，明确了云南省生态乡镇申报范围、申报条件、申报内容与时间、技术评估与考核验收、监督管理等要求。《云南省生态乡镇建设管理规定》中建设指标分为两大类：一为基本条件，二是建设指标。建设指标又分为三个方面，分别为环境质量、环境污染防治、生态保护和建设。

3. 绿色创建制度。为更好地开展绿色创建，云南省组织制定了《云南省省级绿色学校创建标准》《云南省"绿色学校"评估标准及分值（试行）》《云南省省级绿色社区创建标准》《云南省"绿色社区"评估标准及分值（试行）》《云南省省级环境教育基地创建标准》《云南省"环境教育基地"评估标准及分值（试行）》等系列创建标准，以及出台《绿色学校管理办法》等制度，为推进全省绿色创建提供评估、管理等依据，绿色创建工作呈现出良好态势。

4. 生态文明教育基地的创建。制定了《云南省生态文明教育基地创建管理办法》，明确了生态文明教育基地的申报范围、申报条件、申报内容、命名程序、后续管理等要求。截至2017年7月，全省已命名"云南省生态文明教育基地"18个。

（二）州市级生态文明村创建管理制度建设

云南有16个州（市），各州（市）均制定了州（市）级生态村的建设管理规定，每年由州（市）环保局组织对各州（市）生态村审查，县（市、区）环保局指导行政村申报州（市）生态村。州（市）环境保护局对已命名的生态村实行动态管理，每两年组织一次复查。复查采取县（区）环境保护局自查，州（市）环境保护局抽查的方式。

（三）生态文明创建规范化研究与推广

为指导生态文明建设申报材料，2015—2016 年制定了《云南省生态文明州（市）申报指南（试行）》《云南省生态文明县（市、区）申报指南（试行）》《云南省省级生态乡镇申报指南（试行）》和《云南省省级生态村申报指南（试行）》。

二、生态文明州（市）、县（市、区）、乡镇的创建

（一）生态文明建设规划为引领

1. 云南省生态文明建设排头兵规划。2016 年，省委、省政府印发了《云南省生态文明建设排头兵规划（2016—2020 年）》。《规划》分析了云南省生态文明建设的基础和形势，提出了"十三五"时期云南省生态文明建设排头兵工作的指导思想、基本原则、建设目标、主要任务、保障措施和重点工程，对"十三五"时期生态文明建设进行具体部署，是云南省加快成为全国生态文明建设排头兵的指导性文件。

2. 州（市）、县（市、区）生态文明建设规划。云南省生态文明建设采用先规划后建设的方式，体现规划的科学性和权威性，发挥规划的控制和引领作用。云南辖 16 个州（市），其中 14 个州（市）已经完成生态建设规划，通过云南省环保厅组织的技术审查，报州（市）人大审议批准实施，《曲靖市生态文明建设规划》已经通过

云南省环保厅组织的技术审查，《楚雄州生态文明建设规划》正在编制中。云南辖 129 个县（市、区），其中 118 个县（市、区）已经完成生态建设规划，通过云南省环保厅组织的技术审查，报县（市、区）人大审议批准实施；3 个已经通过云南省环保厅组织的技术审查，8 个正在编制中。

（二）生态文明州（市）、县（市、区）创建

1. 创建生态文明州（市）。2017 年 3 月云南省人民政府命名了第一批云南省生态文明州（市），云南省西双版纳州获命名，实现云南省生态文明州（市）零的突破。"有树才有水，有水才有田，有田才有粮，有粮人类才能生存"，傣族人民这种朴素的生态观，影响着西双版纳州各族群众，使得西双版纳这片热带雨林得以保存，也使得西双版纳享有着一个个美誉：中国大地上一块屈指可数的绿色宝地，地球北回归线沙漠带上的一块绿洲，中国热带雨林生态系统保存最完整、最典型、面积最大的地区，当今地球上少有的动植物基因库……近年来，西双版纳州全面实施生态立州战略，大力推进生态州建设，积极探索符合西双版纳州实际的生态文明建设道路，生态环境明显改善，生态文明建设成效显著，走出了一条具有特色的生态文明发展之路。

2. 建设生态文明县（市、区）。2017 年 3 月，云南省人民政府命名了第二批云南省生态文明县（市、区）13 个。截至 2017 年 8 月，云南省生态文明县（市、区）共计 21 个，占全省县（市、区）的 16.3%。各州（市）中推进较快的有西双版纳州、昆明市，县（市、区）创建率分别达到了 100% 和 71.4%，其余州（市）正在大力推进中。

（三）生态文明乡镇、村的创建

放眼全省，生态文明示范区创建工作多点开花，亮点纷呈。作为云南省生态建设示范区创建的"第一梯队"，西双版纳州、昆明市已基本完成了以生态村、生态乡镇等基层单位为"细胞工程"的创建。大理州、保山市、曲靖市、玉溪市、红河州、德宏州、楚雄州、普洱市、昭通市创建工作稳步推进，成效显著。

截至目前，全省1391个乡镇（街道办事处）已经成功创建85个国家级生态乡镇（另有179个上报环境保护部复核命名），615个省级生态文明乡镇，省级生态文明乡镇创建率达44.2%，另有350多个乡镇处于省级审查阶段。

通过生态文明的创建，完成大批农村"两污"治理工程及农村的脏乱差整治，人居环境得到提升，促进生态文明迈上新台阶。

三、生态文明先行示范区的建设

由省科学技术协会、省林业厅联合组织，完成了《云南省建立国家生态文明试验示范区战略研究》课题，对云南省经济、环境、生态等3个专题研究，从机制体制上探索云南建设国家生态文明先行示范区的有效路径，提出了把云南列为国家生态文明试验示范区、支持云南率先建立国家公园体制等一系列具有前瞻性的意见建议，是云南向国家争取建立生态文明试验示范区的重要科学依据。

1.云南省成为全国首批生态文明先行示范区。根据国家发展和改革委员会联合财政部、国土资源部、水利部、农业部和国家林业局六部委于2013年12月发布的《关于印发国家生态文明先行示范区建设方案（试行）的通知》，要求各省认真组织申报国家生态文明先行示范区。云南省积极响应国家号召，在省委、省政府领导下，云南省编制了《云南省生态文明先行示范区建设实施方案》，提出了"把云南省建设成为生态屏障建设先导区、发展方式转变先行区、边疆脱贫稳定模范区、制度改革创新实验区、民族生态文化传承区，成为全国生态文明建设排头兵"的发展目标。国家发改委等六部委于后来正式签发《云南省生态文明先行示范区建设实施方案》的批文，云南成为首批生态文明先行示范区5个省之一。

2. 探索建立促进生态文明建设的制度体系。作为全国的生态文明先行示范区，把调整优化空间结构、优化产业结构、推行绿色生产方式、发展循环经济、做好生态保护和环境污染治理、加强生物多样性保护、夯实西南生态安全屏障等作为云南省的主要任务，探索建立促进生态文明建设的制度体系是关键，云南省成立生态文明体制改革领导小组，省委、省政府组织各部门在生态文明建设、自然资源产权、生态保护、污染治理、生态补偿、污染及生态破坏管控、环境损害责任、生态保护执法等8个方面共建了80多项制度，为云南省争当生态文明排头兵提供了体制和法制保障。

3. 实施"十大工程"，维护良好的生态环境。为了保持优良的生态环境，云南省积极倡导和践行"宁可牺牲一点发展速度，也要守住良好的生态环境"的理念，不以牺牲环境、破坏生态为代价换取一时的发展。实施了"十大工程"，即江河湖泊流域综合治理工程、植树造林工程、天然林保护和防护林建设工程、陡坡地生态治理工程、石漠化治理工程、生物多样性保护工程、节能减排工程、循环经济和低碳经济发展试点工程、产业生态化工程、生态建设保障工程，取得了显著成效。

第四章　坚持绿色发展，做好云岭绿色经济大文章

绿色发展是党的十八届五中全会提出的新发展理念的重要组成部分，是习近平总书记治国理政新理念新思想新战略的重要要求。云南具有得天独厚的环境条件，具有践行绿色发展理念的先天优势，云南省扬长避短，抓好高原特色现代农业，建设全国重要的清洁能源基地，打造一批全国最好的生态旅游基地，把良好的生态环境转化为驱动云南绿色发展的新优势。

第一节　突出重点，抓好高原特色现代农业

2015 年 1 月，习近平总书记考察云南时，把"着力推进现代农业建设"作为对云南提出的"五个着力"之一，要求云南立足多样性资源这个独特基础，打好高原特色农业这张牌，稳定粮食生产能力，积极发展多样性农业，加快转变农业发展方式，走产出高效、

产品安全、资源节约、环境友好的现代农业发展道路。

一、积极发展多样性农业，全面推动产业结构优化

为落实好中央的要求，省委、省政府提出，要在稳定粮食产能的基础上，突出多样性资源和产地生态优势，打高原牌、走特色路，大力发展高原特色现代农业，加快推动云南由传统农业向现代农业跨越发展，并连续出台了《关于全面深化改革扎实推进高原特色农业现代化的意见》《关于强化改革举措落实加快高原特色农业现代化建设的意见》《关于加快高原特色现代农业现代化实现全面小康目标的意见》《关于加快转变农业发展方式推进高原特色农业现代化的意见》《关于深入推进农业供给侧结构性改革加快培育农业农村发展新动能的实施意见》等政策措施，逐步探索总结出了一套符合省情的多样性特色农业发展模式，突出云南农业的多样性、立体性、四季性、生态性、开放性，打好特色牌、安全牌、优质牌、时差牌、文化牌，坚持坝区与山区并重、自给与外销并举、粮食与经作同抓，协调好小春、大春、冬农、晚秋作物种植，突出农林牧渔协调、一二三产业融合。

（一）以做强重点产业为依托，着力优化产品结构

积极推动农业结构战略性调整，一批特色优势农产品产业化经营加快发展，"丰富多样、生态环保、安全优质、四季飘香"的优势逐步彰显，示范、加工、科技、品牌、主体、流通、安全等八大行动的效应逐渐体现。按照"人无我有、人有我优、人优我特"的思路，精心选择和着力打造一批特色优势农产品，具有云南高原特色的优质米、马铃薯、蔬菜、水果、蔗糖、橡胶、茶叶、蚕桑、花卉、咖啡、中药材、食用菌、草食畜、名优水产品进一步加快发展，

量效齐增。"十三五"期间，省委、省政府将高原特色现代农业产业作为重点推进建设的八大产业之一，在确保粮食安全的前提下，坚持生态优先、比较效益最大化的原则，集中打造生猪、牛羊、蔬菜、中药材、茶叶、花卉、核桃、水果、咖啡、食用菌等十大重点产业，推进高原特色现代农业跨越发展。

（二）以发展立体农业为重点，着力丰富产品种类

云南拥有山地、丘陵、盆地、河谷等各种地形，从南到北出现北热带、南亚热带、中亚热带、北亚热带、南温带、中温带、北温带等7种气候类型，不少地方光热充足，水资源总量丰富，四季温差小。多年来，云南立足自身条件，大力发展立体农业，探索出了"大立体农业"和"小立体农业"两种模式。在"大立体农业"发展上，立足自然特点，统筹规划山区、半山区、坝区、河谷地带和不同纬度地带的产业重点，在不同海拔、不同区域梯次开发具有当地明显特色的农产品，形成高原特色突出的立体型农业生产系统。例如：在山区大力发展玉米、马铃薯、小杂粮、中药材等种植业，以草食为主的肉牛肉羊业和以粗饲为主的生猪业；在低丘缓坡和河谷地带大力发展茶叶、咖啡、烤烟、橡胶、木本油料、果蔬等经济作物和冬季农业；在坝区大力发展粮食、蔬菜、水果和规模养殖；在库区水域大力发展水产养殖。在"小立体农业"发展上，利用一定区域的光、热、水、肥等资源，基于不同种植品种的时间差和空间差，通过合理组装，粗细配套，实施间作、套作、混作及种养、混养等立体模式，"把天拉长，把地拉宽"，形成各种类型的多功能、多层次、多途径的高产优质农产品生产系统。立体农业发展，有效提高了资源利用率、土地产出率，增加了农民收入。同时，通过立体开发，缓解了残留化肥、农药等对土壤环境、水环境的压力，实现生态保护与产业发展双赢。

（三）以开发冬季农业为补充，着力完善产品结构

云南发展冬季农业的条件十分优越，成为云南农业结构调整和农民增收的一大亮点。"十二五"以来，云南通过狠抓基地建设、科技支撑、主体培育、品牌打造、市场开拓、招商引资、质量安全，强化政策扶持，依靠科技进步，加强分类指导，开发品种从最初的冬玉米、冬大豆等粮食作物为主，逐渐拓展到冬早蔬菜、冬马铃薯、冬玉米、啤饲大麦、冬油菜、冬季烤烟和香料等经济作物，形成布局区域化、品种良种化、种植规模化、生产标准化、开发产业化、销售国际化的冬季农业开发格局，全省冬季农业开发迈上了一个新的台阶。全省冬季农业实现全覆盖，2016年发展到2512万亩，亩均产值达到1595元，主要产品远销全国20多个省（区、市）的37个大中城市和40多个国家及地区。

（四）以打造外向型农业为跳板，着力提高产品竞争力

近年来，云南主动融入国家"一带一路"倡议，紧密围绕把云南建设成为面向南亚东南亚辐射中心的总体要求，充分发挥云南高原特色现代农业的比较优势，大力开拓国际、国内市场，外向型农业的发展呈现出"全方位、宽领域、多层次、多渠道"的格局。云南烟草、蔬菜、马铃薯、小杂粮、水果、花卉、茶叶、橡胶、蚕丝、生猪、肉牛、肉羊、罗非鱼等特色优势农产品大量销往国内外市场。例如：2016年云南省蔬菜、烟草、咖啡等传统七大类农产品出口108.83万吨，出口额21.48亿美元，同比分别增21.9%、19.8%；同时烟草、蔬菜、水果、花卉、茶叶、咖啡、松茸、食用菌、香料油等农产品出口到118个国家和地区，2016年农产品出口额达到44.7亿美元，同比增10.2%，农产品出口总额连年稳居西部第一。

此外，云南还充分利用区位优势鼓励企业"走出去"，利用境外农业资源积极发展粮食、蔬菜、甘蔗、橡胶、茶叶、咖啡等作物种植和畜禽水产养殖、农产品加工以及仓储物流。

（五）以推进"三品"认证为抓手，着力提升产品质量

"三品"（无公害农产品、绿色食品、有机农产品）是政府推行的农产品公共品牌，是农产品质量安全工作的重要抓手，也是云南高原特色现代农业发展的主攻方向。"十二五"期间，云南省充分发挥资源、环境、生态优势，围绕"高产、优质、高效、生态、安全"的现代农业发展理念，围绕高原特色现代农业"丰富多样、生态环保、安全优质、四季飘香"4张名片打造，以标准化为重点，以整体环境监测、质量安全可追溯、绿色防控、监督抽查为抓手，大力推进无公害、绿色、有机农产品认证，推动高原特色现代农业实现可持续健康发展。到"十二五"末，全省累计认定892个无公害农产品产地（含零星认定），认定面积5136.14万亩，畜禽养殖规模11254.27万头（只、羽）。无公害农产品获证企业482家，产品1026个，年总产值126.64亿元。绿色食品有效获证企业346家，产品852个（含25个绿色食品生产资料认证），年总产量252万吨，年总产值141.4亿元。全省中绿华夏有机产品认证有效用标企业为22家，产品72个，认证产量5788.37吨，产值1.75亿元。"三品"合格率保持在98%以上，有力推动了农产品消费的转型升级，促进了农业生产方式的转变。

（六）以推进三产融合为契机，着力开发农业多种功能

针对农产品加工转化率低于全国平均水平，发展多功能农业差距大、潜力大等实际，"十二五"以来，云南通过推动农村一二三产业融合，大力发展多功能农业，提高农业综合效益。一是通过加强统筹规划、有序调整农村产业布局，促使一二三产业融合发展，实现产业融合与新型城镇化有机结合。二是通过引进新技术、新业态和新模式，用现代理念引领农业，用现代技术改造农业，把传统分散的小农生产经营转变为规模化、集约化、标准化的现代农业，通过加快农业结构调整，促进农业产业链延伸，开发农业的多种功能，大力发展农业新型业态等方式加快建立现代农业的产业体系。三是通过加快发展绿色农业，促进形成资源高效利用、生态系统稳定、产品质量安全的农业发展新格局。四是通过拓展农业休闲旅游等各种功能，把农村山水秀丽的自然环境美和高效生态农业的田园风光美有机结合，在把农村建成宜居、宜业、宜游美好家园的同时，让生态农业、休闲农业和乡村旅游成为农民就业增收的新途径。一二三产业融合多功能农业的发展，有力地促进了城市资本和生产要素进入农业、农村，推动了以工补农、以城带乡，加快了农业发展方式转变、农村生产生活条件改善，更好地发挥现代服务业对农业发展方式转变的引领、支撑、带动作用。通过提升农业的生产功能与激活农业的生活、生态功能有机结合，找准"三农"发展的兴奋点，打造区域经济新增长点。

（七）以创建产业园区为突破，着力推动农业提质增效

现代农业产业园是在规模化种养基础上，通过"生产＋加工＋科技"，聚集现代生产要素，创新体制机制，形成了明确的地理界限和一定的区域范围，建设水平比较领先的现代农业发展平台。中央高度重视产业园创建工作，2017年中央一号文件明确提出"建设现代农业产业园"。2017年政府工作报告明确指出"加强现代农业建设。加快推进农产品标准化生产和品牌创建，打造粮食生产功能区、重要农产品生产保护区、特色农产品优势区和现代农业产

业园"。2017年3月，国务院召开全国春季农业生产暨现代农业产业园建设工作会议，李克强总理作出重要批示，汪洋副总理出席会议并对建设现代农业产业园提出了明确要求。云南把发展园区农业作为加快推进高原特色现代农业现代化的主攻方向和主要抓手，围绕特色优势产业，着力打造了一批经营规模大、科技含量高、经济效益好、带动作用强的高原特色现代农业园区。以农业部门牵头建设的园区为例，截至目前，全省共申报建设台湾农民创业园1个（石林）；国家现代农业示范区9个；思茅区茶叶产业园已纳入第二批国家现代农业产业园创建名单，云南（红河）花卉产业园区已启动建设；每年组织开展1000个粮食高产示范区创建；累计支持建设188个国家级蔬菜水果茶叶标准园；省级扶持建设现代农业庄园102个；全省建成各类农产品加工园区48个。现代农业园区的建设带动了周边地区高原特色现代农业提质增效，有力推动全省农业产业向现代化发展迈进。尤其是省级扶持建设的现代农业庄园，呈现出发展类型多样、经营方式灵活、融合发展程度较高的特点，成为云南农业产业发展的新亮点。

（八）高原特色现代农业发展取得显著成效

高原特色现代农业在助推全省经济、社会、生态和对外交往等各个方面都发挥了重要作用，为推动云南全面建成小康社会作出了积极贡献。

1. 有力支撑了云南经济平稳较快增长。2016年全省农牧渔业总产值、增加值均上升至全国第14位；增长速度实现了"两个高于"，即高于同期全国农业农村经济平均增速、高于全省经济发展平均增速。全省农产品加工产值占全省工业总产值的40%左右。农业农村经济的快速发展，助推了全省投资、出口、消费的增长，通过拓展高原特色现代农业生产、生态、社会、服务等多功能空间，拉动一二三产业联动发展，高原特色现代农业已成为云南经济增长的"新引擎"。

2. 持续推动了农民脱贫致富。在高原特色现代农业发展旗帜的引领下，云南省始终坚持把农民作为农业农村发展受益主体，使高原特色现代农业发展和新农村建设的过程成为农民增收致富奔小康的过程，使农民群众在高原特色现代农业发展推动脱贫攻坚中享受到更多获得感、幸福感。"十二五"期间，全省农民收入年均增长13.7%，农民人均纯收入累计增加了3574元，城乡居民人均收入比从4.07:1下降到3.62:1，年均减少农村贫困人口100万人以上，农民生活水平持续改善。

3. 有效推动了生态环境保护。将环境资源作为农业经济发展的内在要素，按照生态化的要求推进高原特色现代农业绿色、低碳、循环发展。推进生态种植，落实耕地质量保护要求，开展化肥农药施用量零增长行动，减少农业面源污染；推进生态养殖，注重农牧结合，推广有机肥料，在畜禽规模养殖场配套建设大中型沼气，提高畜禽粪便利用率；加强水生生物资源保护，开展渔业增殖放流，有效保护了大量濒临灭绝的珍稀鱼类资源品种，保障了水域生态系统平衡；大力开展薇甘菊等外来有害生物入侵防控工作，筑牢了国家西南边境生物安全屏障；将生态农业发展与美丽乡村建设相结合，产业发展服务于、融合于美丽乡村建设。通过努力，"生态环保"这张高原特色现代农业名片越擦越亮，高原特色现代农业的生态红利持续释放，"保供给"和"保生态"实现了统筹发展，为云南争做全国生态文明建设排头兵打下了坚实基础、提供了强力支撑。

4. 极大提升了云南对外形象。高原特色现代农业"丰富多样、生态环保、安全优质、四季飘香"的 4 张名片得到社会各界的广泛认同，为"美丽云南、七彩云南"形象增添了新光彩。农业对外交流合作广度和深度均不断拓展，众多科研单位和农业企业通过"走出去"，到周边国家开展农业科技服务，建立优质粮食及特色农畜水产品基地、加工基地和进出口物流储运基地，切实加强与南亚东南亚国家和地区的农业技术交流、农业人才培育和动植物疫情监测防控合作，推动新品种、新技术、新理念的输出，与周边国家合作建设了 4 个农业科技示范园，培训境外农业技术人员千余人次，树立了云南良好的国际形象。

5.积极探索我国现代农业发展模式。云南立足资源实际，挖掘优势潜力，实现后发赶超的成功实践，得到了党中央、国务院以及农业部的充分肯定，引起了各省（区、市）农业部门的极大关注。2015 年 1 月，习近平总书记考察云南时明确要求："要立足多样性资源这个独特基础，打好高原特色现代农业这张牌。"农业部部长韩长赋在云南调研时，指出云南高原特色现代农业已与东北大农业、江浙集约农业和京津沪都市农业一起，成为我国现代农业发展的模式之一。

二、加快转变农业生产方式，助推农业转型升级

2016 年中央一号文件指出，厚植农业农村发展优势，加大创新驱动力度，推进农业供给侧结构性改革，加快转变农业发展方式，保持农业稳定发展和农民持续增收，走产出高效、产品安全、资源节约、环境友好的农业现代化道路。2017 年农业部办公厅印发的《关于推进农业供给侧结构性改革的实施意见》明确指出："以绿色发展为导向，以改革创新为动力，以结构调整为重点，着力培育新动

能、打造新业态、扶持新主体、拓宽新渠道,加快推进农业转型升级,加快农业现代化建设。"为加快转变农业发展方式、助推农业转型升级,省委、省政府印发了《关于深入推进农业供给侧结构性改革加快培育农业农村发展新动能的实施意见》,为全省稳增长、调结构、促跨越奠定了政策基础。

(一)推进农业供给侧结构性改革,提升发展质量效益

结合云南农业实际,云南农业供给侧结构性改革突出抓好调结构、补效益短板两大中心任务。

1. 稳定提升粮食产能。稳定粮食生产面积,调优粮食内部结构,加快研发和推广优良农作物品种,不适宜的区域、品种坚决退出。努力提升粮食单产,更加注重提高粮食产能,更加有力地落实"藏粮于地、藏粮于技"战略。统筹调整粮经饲结构,积极稳妥开展粮食生产功能区划定。

2. 扎实培育重点产业。扎实抓好《关于深入推进农业供给侧结构性改革加快培育农业农村发展新动能的实施意见》的贯彻落实,大力发展茶叶、蔬菜、花卉、水果、中药材、生猪、牛羊、咖啡等重点特色产业。加快高原特色现代农业产业基金及重点产业子基金设立步伐。

3. 创建一批农业综合体。落实全国农业工作会议发展"五区一园四平台"的工作部署,以一二三产业融合发展为目标,积极推进农业综合体建设。加快普洱市思茅区"百公里十万亩"茶产业链综合示范区、临沧市凤庆县"绿金产业融合生态走廊"、红河州元阳县"稻鱼鸭"共生综合体、云南(红河州)现代花卉产业园、西双版纳州勐海县古茶现代产业示范区、曲靖市罗平县油菜产业三产融合示范区建设。

4. 提升产业标准化品牌化水平。紧扣生产环境、生产过程、产

品加工、收储运输等环节，开展全产业链标准制修订工作，大力推广农业标准化生产技术，提升绿色优质农产品供给能力。开展品牌示范区建设，继续开展"一村一品"、云南名牌农产品评选认定，以"云系""滇牌"农产品为依托，开拓中高端消费市场。

（二）培育新型经营主体，构建现代农业经营体系

推进农业"小巨人"三年振兴计划，以国家和省级重点农业龙头企业为基础，以原料保障、技改扩能、市场拓展、融资体系、产业聚集等为重点环节，培育一批年销售收入10亿元以上的农业"小巨人"。用好、用足产业基金、担保基金、风险补偿基金、直接补助、贷款贴息、以奖代补等扶持政策，推动条件成熟的"小巨人"进入资本市场融资。落实农垦农场法人实体地位，加快推进农垦农场企业化步伐。推进合作社规范管理，促进农民合作社有效运转。按照有主体、有基地、有加工、有品牌、有展示、有文化的"六有"要求和产业高效化、发展生态化、产品特色化、生产标准化、经营规模化、品牌高端化的"六化"发展方向，打造一批现代农业庄园。建立家庭农场认定制度，健全家庭农场档案，开展示范创建，着力培育一批产业特色鲜明、经营管理规范、综合效益好、示范带动强的家庭农场。实施现代青年农场主精准培育计划、"乡土专家工程"和"阳光工程"，推进农村青年创业富民行动，加快培养一批有文化、懂技术、会经营的新型职业农民。

（三）实施科技创新驱动，提升核心竞争力

强化新型农业经营主体在技术创新和推广应用中的主体地位，大力提高农业科技创新能力。围绕重点产业，组建农业产业创新联盟，针对不同产业重要节点和领域配备技术力量，建立协作攻关团队，促进产业链与技术链深度融合。搭建农业关键共性技术研发平台和创新服务平台，开展关键核心技术攻关。集聚研发机构、创新人才、创业资本、重大成果等创新要素，打造区域创新中心，实现检验检测仪器设备、技术和信息协调共享。加快推进马龙云南省山地牧业科技示范园区等农业科技园区建设，加大地方种质资源的收集、保存和利用研究，完善种质资源数据库。抓好育种新材料的创制与育种新方法的研究，着力培育一批具有自主知识产权的优良品种。建立农业科技资源协调机制，鼓励社会资本投入农业科技的开发、使用和推广。健全科技创新成果转化推广机制，建立农业科技成果交易中心，加快集成转化推广运用。着力加强新品种、新技术、新模式、新机制"四新"协调和良种、良法、良壤、良灌、良制、良机"六良"配套，强化先进适用技术集成、示范、推广，提高主推品种、主推技术的覆盖率。

（四）深化农村改革，激发发展活力

稳定农村土地承包关系，完善土地所有权、承包权、经营权分置办法，稳步开展农村土地承包经营权确权登记颁证工作。依法推进农村承包土地经营权有序流转。提高林权证确权到户率和发证率，建立完善农村产权流转合同登记备案制度，鼓励、引导和规范农村土地产权依法流转。建立完善统一的农村水权的确权、登记、颁证制度，制定农村水权登记管理办法和工作流程。推进国有农场生产经营企业化和社会管理属地化，深化垦区集团化改革，不断增强农垦发展的内生动力、发展活力和整体实力。有序推进国有林场改革。积极协调省金融办以及省农信社、省农行、省进出口银行、中信保等机构，开展多形式、多层面的银企对接，提高农业龙头企业融资效率。

（五）构建"5+N"工程，推进农业信息化

实施全省农业信息化"5+N"工程，即一中心、一平台、一张网、

一张图、一体系，打造 N 个信息发布和利用的主渠道，着力推动实施"互联网 + 现代农业"行动计划。完善云南农业农村大数据推广与应用，推进物联网、云计算和智能终端在农业全产业链的应用，积极发展农村电子商务，利用 B2B、B2C、O2O 等模式，推进农产品全产业生产管理信息化。依托云南农业信息网等平台，健全农业自然资源、生态环境和农业农村经济基础信息数据库体系。建立农村集体"三资"管理服务、土地确权登记管理服务、土地流转管理服务、土地纠纷仲裁服务、农民负担监管等平台或信息系统。

（六）整合利用多方资源，提升开放水平

围绕建设面向南亚东南亚辐射中心的要求，坚持近远结合、各有侧重，优化对外合作布局。着力培育农业"走出去"主体力量，构建开放型企业梯队，组建农业"走出去"企业联盟。深入开展替代种植和农业科技示范园建设，推进跨境动物区域化管理和肉种产业发展试点，加快农业"走出去"步伐。开展云南周边国家农产品输华风险分析工作，推动解决周边国家农产品输华检疫准入问题，扩大农产品输华种类。鼓励农产品出口企业开展国际、国内两个市场"同线同标同质"活动，为市场提供高端产品，树立优质、安全、特色标杆。做好省级涉农重大产业招商项目的开发包装，有效整合行业主管部门和招商部门的优势，形成招大引强的工作合力。

（七）促进三产融合，推进农业接二连三发展

构建链条完整、功能互补、业态丰富、利益相连的农村三产融合发展格局。以产品为纽带，鼓励龙头企业和合作社加强农民技能培训，提高农民组织化程度。以产业为依托，实施"百县千乡万村"试点示范工程，打造一批万亩以上的一二三产业融合、产加销游一体、产业链条完整的现代农业园区。通过合作与联合的方式发展规模种养业、农产品加工业和农村服务业。挖掘农业生态、休闲、文化和非农价值，大力发展休闲农业、观光农业、体验农业等都市农业新业态。结合民族文化、民俗文化、乡土文化等资源，培育一批分享农业、定制农业、创意农业、养生农业，推进农业与旅游、教育、文化等产业深度融合。

（八）实施品牌战略，提升农产品效益

建立和完善政府推动、企业为主、部门协作、社会参与的品牌培育工作格局。立足高原特色，集中力量树立云南高原特色现代农业整体品牌形象，积极打造"丰富多样、生态环保、安全优质、四季飘香"4张名片，精心培育一批在全国乃至世界上有优势、有影响、有竞争力的云南区域公共品牌和企业产品品牌。瞄准重点产业主攻方向，针对行业特点和突出问题，优化产品结构，开发新产品，提高产品质量和档次，增加花色品种，着力减少低端供给，扩大中高端供给，推进供给侧结构性改革。大力发展无公害农产品、绿色食品、有机食品。打造"云茶""云菜""云花""云咖""云果""云药""云菌""云畜"等"云系"知名品牌。

（九）推动责任落实，保障质量安全

实施好《云南省食用农产品质量安全全程管理三年行动计划（2017—2019年）》，健全省、州（市）、县（市、区）、乡（镇）农产品质量安全监管体系，探索建立村级监管员制度，加强农业执法监管能力建设。构建党政同责、部门管理、社会监督、生产自律的长效机制。划定农用地土壤环境质量类别，按优先保护类、安全利用类、严格管理类分别采取管理措施，保障农产品质量安全。高标准农田建设项目向优先保护类耕地集中的地区倾斜。推进国家级和省级农产品质量安全县建设。制定符合生产实际的技术规范和操作规程，加强标准化生产技术的集成推广运用。加快推进农产品质量安全检验检测体系建设项目实施，完善硬件条件。组织开展检验检测人员技能培训和考核，提升检验检测能力。建立农产品例行监测、监督抽查和风险监测制度，确保食用农产品安全。

（十）守住绿色生命线，实现农业可持续发展

加大无公害农产品认证力度，推进化肥农药使用量"零增长"行动，开展水果、蔬菜、茶叶有机肥替代化肥试点，扩大病虫害绿色防控范围。严格按照"畜禽良种化、养殖设施化、生产规范化、防疫制度化、粪污无害化"的要求，建设畜禽规模化养殖场。大力开发草山资源，启动重度退化草场治理，实施新一轮退耕还草工程，创建畜牧业绿色示范场。依托以"云岭牛"为代表的特色品种核心竞争力，大力发展生态草食畜养殖。抓好种养循环推进试点和农业可持续发展试验示范区建设。推进地膜清洁生产和农田残膜回收利用试点，发展畜禽粪污第三方治理和社会化服务，以滇池、洱海等九湖流域为重点，强化农业面源污染治理。建立农产品产地重金属污染防治示范点，探索农产品产地重金属污染治理的技术和方法，逐步加以示范推广。

第二节　打造中国绿色清洁能源产业基地

随着世界人口和经济不断增长，能源需求也不断增加。2015年全世界能源年总消费量约为187.8亿吨标准煤，其中传统石油、天然气、煤等化石能源占85%，核能、太阳能、水力、风力、潮汐能、地热等清洁能源仅占 15%。世界能源结构向低碳化、无碳化发展进程进一步加快，石油、煤炭消费量逐渐下降，天然气和非化石能源成为世界能源发展的主要方向，欧美等国每年 60% 以上的新增发电来自可再生的清洁能源。

中国是世界上最大的能源消费国，2015 年全年能源消费总量 43 亿吨标准煤，其中煤炭消费量占能源消费总量的 64%，水电、风电、核电、天然气等清洁能源消费量占能源消费总量的 17.9%。云南省大力发展绿色清洁能源，并依托绿色能源发展绿色产业，将以水电为主的清洁能源优势转化为全省经济社会发展优势。目前，云南全省 8443 万千瓦的电力装机容量中，水电装机容量达 6096 万千瓦，以水电为主的清洁能源占比达 83.4%，非化石能源电量占比达 93%，达到国际一流水平，成为我国重要的清洁能源基地。2016 年云南西电东送首次突破 1100 亿千瓦时，占南方电网西电东送量的 56%，这些清洁能源对东南沿海地区的环境质量改善和提升产生了重要的促进作用。云南省非化石能源占一次能源消费比重高达 40% 以上，远高于全国平均水平的 13.3%，为我国 2020 年实现非化石能源占一次能源消费比重 15% 的战略目标作出了重要贡献，对中国在巴黎气候大会上作出的碳减排及提高非化石能源占比的承诺提供了重要支撑。

一、水电能源

（一）云南水电能源概况

云南省是我国水力资源富集的省份，理论蕴藏量 10 兆瓦以上的河流有 373 条，理论蕴藏量 104386 兆瓦，年发电量 9144.21 亿千瓦时，占全国的 15%；理论蕴藏量 10 兆瓦以上的河流中，装机容量 0.5 兆瓦以上技术可开发水电站总装机容量 101939 兆瓦，其中经济可开发的水电站总装机容量 97950 兆瓦，年发电量 4712.83 亿千瓦时，占全国的 24.4%。

中国规划有 13 大水电基地，分别为金沙江水电基地、雅砻江水电基地、大渡河水电基地、乌江水电基地、长江上游水电基地、南盘江—红水河水电基地、澜沧江干流水电基地、黄河上游水电基地、黄河中游水电基地、湘西水电基地、闽浙赣水电基地、东北水电基地、怒江水电基地，其中有 4 个全部或部分位于云南省境内。

近 10 年来，云南中小水电快速发展，在一系列的招商引资优惠政策下，经过多年的开发建设，全省中小水电资源开发率已超过 80%，覆盖了 90% 以上的边远贫困民族地区，为地方增强了发展的"造血"功能。截至 2015 年底，云南省电力装机容量 79789.43 兆瓦，其中 250 兆瓦以下的中小型水电站 17870 兆瓦，占全部装机容量的 22.4%；云南省水电装机容量 59010 兆瓦，占全省电力装机容量的 73%，发电量约 1766.46 亿千瓦时，水电已经成为云南省能源结构中的核心型支柱产业。

（二）落实"生态优先、统筹考虑、适度开发、确保底线"的水电开发建设方针

云南省的水电能源建设一直坚持"生态优先、统筹考虑、适度开发、确保底线"的水电开发建设方针，按照国家能源战略部署，云南省积极支持国家水电能源基地建设，有序建设金沙江和澜沧江水电基地。

金沙江（含通天河）水力资源理论蕴藏量 121022.9 兆瓦，约占全国水力资源理论蕴藏量的 1/6。金沙江水电能源基地按照上游、中游和下游规划进行开发。国家对金沙江中游水电规划进行批复，规划河段为金沙江干流石鼓至雅砻江汇口的中游，规划有龙盘、两家人、梨园、阿海、金安桥、龙开口、鲁地拉、观音岩8个水电站，总装机容量20580兆瓦，年均发电量883亿千瓦时。龙盘和两家人水电站位于金沙江的虎跳峡河段，涉及自然保护区、风景名胜区等生态较为敏感区域，云南省与相关部门近年来对龙盘、两家人水电站的可行性作了更加深入的研究，体现了"生态优先、统筹考虑、适度开发、确保底线"的水电开发建设方针。

国家对澜沧江云南省境内的中下游河段及上游河段进行了规划，共规划有古水、果念、乌弄龙、里底、托巴、黄登、大华桥、苗尾、功果桥、小湾、漫湾、大朝山、糯扎渡、景洪、橄榄坝、勐松16个水电站，总装机容量23100兆瓦，年平均发电量1167.2亿千瓦时。为保护澜沧江生态环境，统筹整个澜沧江的水电开发，云南省对此前的澜沧江水电规划进行了重新研究，提出了新的方案：对处于"三江并流"世界自然遗产地腹地的果念水电站予以取消；对可能影响鱼类洄游通道的勐松水电站予以取消；对可能影响自然保护区和重要植被资源的古水、乌弄龙水电站降低其水库水位。新的规划调整后，电站装机容量约减少1000多兆瓦，开发河段不到整个规划河段的80%，避开了世界自然遗产地、自然保护区、风景名胜区等流域内重要的生态敏感区。

自2015年以来，为落实国家生态文明建设要求，云南省统筹全流域、干支流开发与保护工作，按照流域内干流开发优先、支流保护优先的原则，严格控制中小流域、中小水电开发，保留流域必要生境，维护流域生态健康。2016年7月，省政府发布了《云南省人民政府关于加强中小水电开发利用管理的意见》，明确提出转变中小水电发展方式，把生态环境保护放在更加重要的位置，不再开发建设 250 兆瓦以下的中小水电站，突出中小型电站服务于改善农村生活生产、保护生态环境和地方经济发展的属性。

（三）强化水电建设和运行中的生态环境保护

1. 水生生态保护。为减缓水电站建设对鱼类的影响，通过建设过鱼设施、鱼类增殖放流站、河流生境修复、划定栖息地保护等措施，以缓解水电建设对水生生态的影响。澜沧江糯扎渡、功果桥、黄登水电站，金沙江梨园、阿海、金安桥、龙开口、鲁地拉、观音岩、溪洛渡、乌东德、向家坝水电站，红河戛洒江一级、南沙水电站，其他中小河流如李仙江、阿墨江、龙江、大盈江等也统筹规划建设鱼类增殖放流站。云南省水电站鱼类增殖放流站放流鱼类对象包括重要的珍稀濒危鱼类和当地受人为捕捞严重的土著鱼类，放流范围几乎涵盖所有水电工程建设影响区。

在鱼类重要的栖息地，结合干流开发优先、支流保护优先的原则，建设鱼类栖息地或开展生境修复，保护鱼类的生存空间。在澜沧江、金沙江、南盘江、红河等大江干流水电建设中，均明确提出需要保护的支流或河段。如澜沧江已经建立了罗梭江鱼类自然保护区，同时提出需要保护的 115 千米的干流河段及 9 条支流；金沙江也提出 18 千米的干流河段及 7 条支流进行栖息地保护。

2. 陆生生态保护。在水电站建设中，牢固树立"绿水青山就是金山银山"的观念。水电规划布局尽量避免自然保护区、珍稀物种集中分布地等生态敏感区域，以减小流域生物多样性和重要生态功能的损失。对受水电站建设影响的珍稀特有植物或古树名木，采取异地移栽、苗木繁育或种质资源保存等方式进行保护，如糯扎渡、黄登、梨园、阿海、观音岩、向家坝等电站建设珍稀植物园，将受影响的珍稀保护植物进行移栽保护。对因栖息地淹没受影响的珍稀动物，通过修建动物廊道、构建类似生境等方式予以保护，如糯扎渡水电站建设珍稀动物园，对受水电站建设影响的野生珍稀濒危动物进行医护、暂养、野化并放归自然；如戛洒江一级水电站正开始研究并建设绿孔雀栖息生境。

3. 水环境保护。云南省要求把水电站发电效益和生态效益放在同等重要位置。2016 年 7 月，省人民政府发文要求电站运行必须考虑河道的水生生态、水环境、景观等生态用水需求，并严格落实生态流量泄放措施，并需要安装生态流量在线监控装置，保障生态下泄流量，特别针对引水式电站，明确当天然来水量小于河道需要下泄的最小流量时，天然来水全部下泄，不进行发电。

（四）云南水电能源建设的环境贡献

水电是可再生清洁能源，可有效减少化石能源生产带来的环境空气污染、资源消耗等问题。2015 年云南省全省发电量 2553.11 亿千瓦时，其中水电 2177.32 亿千瓦时，占全省发电量的 83.1%，占全国发电量 56045 亿千瓦时的 3.9%，占全国水电发电量 11143 亿千瓦时的 19.5%，相当于每年节约 7700 万吨标准煤，减少排放二氧化碳 1.97 亿吨，二氧化硫 67.4 万吨，氮氧化物 57 万吨，对减轻大气污染和控制温室气体排放起到重要作用。云南水电清洁能源建设为我国 2020 年实现非化石能源占一次能源消费比重达 15% 的战略提供了重要支撑。

二、风电能源

（一）云南风电能源概况

风电成为我国新增电力装机的重要组成部分。"十二五"期间，我国风电累计新增 9800 万千瓦，占同期全国新增装机总量的

18%，在电源结构中的比重逐年提高。云南省地处低纬高原，风能资源开发利用条件较好，全省风能资源总储量 122910 兆瓦。

截至 2015 年 12 月，云南省境内累计建成投产风电机组装机 5570 兆瓦，风电发电量 93.6 亿千瓦时，占全国同期风电发电量的 5%。

（二）落实"环境保护、生态优先"的风电规划建设方针

在风电开发中，坚持生态优先的方针，充分考虑云南省规划风电场所在区域的主体功能区划、生态功能区划、土地利用规划、生物多样性保护区划、鸟类迁徙通道、森林植被质量、景观等因素，将规划的风电场分为优先开发、限制开发、禁止开发及待论证 4 个类别。

1. 优先开发的风电场。不涉及世界自然遗产地、自然保护区、风景名胜区等生态环境敏感区，同时对生物多样性影响较小的风电场列为优先开发类。全省 265 个规划风电场中有 99 个风电场列为优先开发，装机容量 9912 兆瓦，占总装机容量的 33.79%。

2. 限制开发的风电场。在对迁徙候鸟影响较大的区域、生物多样性保护重要区域、动物走廊带内、重要湿地区域、热带雨林生态系统及高寒草甸生态系统分布区、饮用水水源保护区准保护区及汇水范围、具有重要文化价值的区域、景观影响较大区域、主体功能区划限制开发区，限制建设风电场。全省 265 个规划风电场中有 101 个风电场位于上述区域，装机容量 11937.75 兆瓦，占总装机容量的 40.69%。

3. 禁止开发的风电场。在自然保护区规划范围、世界文化和自然遗产地规划范围、饮用水水源保护区一级及二级保护区、风景名胜区、森林公园、国家湿地公园、国家地质公园、文物保护单位、九大高原湖泊保护等涉及相关法律法规和政策禁止的区域禁止建设风电场。全省 265 个规划风电场中有 20 个属于禁止开发，装机容量 1800 兆瓦，占总装机容量的 6.14%。

4. 待论证的风电场。规划阶段不能完全识别其建设对周边生态的影响，建议随工程深入详细论证。全省 265 个规划风电场中待论证的风电场有 45 个，装机容量为 5685 兆瓦，占总装机容量的 19.38%。

（三）严格执行"高标准环境保护及生态修复"的风电建设要求

云南省风电场大都位于 2000 米以上的高海拔区域，这些区域由于人类活动扰动比较小，生物多样性比较丰富，生态环境质量较好，环境较为敏感脆弱。

为制止一些不当开发活动，云南省下发《关于暂缓建设在建风电项目的通知》和《关于对全省投产风电场进行综合评估的通知》，要求全省 11 个州（市）共 41 个项目、总装机 1953.5 兆瓦的在建风电项目暂缓建设。经过清理整顿，提出了更高标准、更严要求，从风电建设源头着手，按照"生态优先、科学有序"的原则，坚决避让各类生态环境敏感区域，并采取"高标准环境保护及生态修复"的原则，建设原生态特色风电场。如大理罗平山风电场、红河李子箐风电场、西双版纳帕顶梁子风电场等均根据当地原有生态特征，制定各自的生态恢复措施，植被恢复良好。

（四）云南风电能源建设的环境贡献

风电是重要的可再生清洁能源，可有效减少化石能源生产带来的环境空气污染、资源消耗等问题。2015 年全年云南省全省发电量 2553.11 亿千瓦时，其中风电 93.6 亿千瓦时，占全省发电量的 3.7%，占全国风电发电量 1863 亿千瓦时的 5%，相当于每年节约 334 万吨标准煤，减少排放二氧化碳 847 万吨，二氧化硫 2.9 万吨，氮氧化物 2.5 万吨，对减轻大气污染和控制温室气体排放起到重要作用。

三、太阳能

（一）云南太阳能概况

云南地处低纬高原，太阳能资源仅次于西藏、青海等省（区），是中国最丰富的省份之一。在全省 129 个县（市、区）中，有 92 个县的年太阳总辐射在 5000—6000 兆焦 / 平方米·年之间，全省太阳能资源总储量为 2.14251×1015 兆焦 / 年，相当于每年获得标准煤 731.5322 亿吨。

（二）落实"环境保护、生态优先"的太阳能开发建设方针

按照"生态优先、社会优先"的原则，严格贯彻"在开发中保护，在保护中开发"的方针，在生态保护基础上进一步提升光伏电站生态环境质量。光伏电站建设坚决避开生物多样性富集区、特殊生态环境及特有物种、鸟类通道、自然保护区、湿地、风景名胜区、民俗保护区等区域。

由于太阳能光伏电站占地较多，云南在太阳能光伏电站建设中，一直坚持规划先行、注重环保、开拓创新的原则，高效稳步推进光伏发电开发利用，开创了石漠化土地利用新模式，实现了绿色农业与现代化工业和谐发展。目前，云南省光伏电站大多选择在石漠化、荒山地区。如昆明石林光伏电站、红河建水南庄光伏电站。

（三）严格执行"生态保护、多元利用"的太阳能建设要求

光伏电站建设占用土地较多，光伏电站建设与土地、林地使用矛盾突出。根据云南耕地较少、生态敏感性较高的特点，在推进光伏发电过程中，不再发展纯地面光伏电站，而是结合云南省高原特

色农产品开发，支持云南省现代化农业发展，推进太阳能多元利用，发展光伏农业和光伏扶贫。通过市场为导向，引导企业利用荒漠化土地适度开发地面并网光伏发电，与"大生物产业"和高原特色现代农业相结合，与农民脱贫致富相结合的光伏发展模式。如：大理西村结合中药材种植、植被保护进行光伏电站建设，大理宾川结合葡萄种植发展光伏电站。

云南省在具备开发条件的工业园区、经济开发区、大型工矿企业以及商场学校医院等公共建筑，采取"政府引导、企业自愿、金融支持、社会参与"的方式，组织实施屋顶光伏工程。如云南师范大学图书馆的分布式光伏电站、昆明水科技园屋顶光伏电站等。

结合荒山荒地、采矿等废弃土地治理、设施农业、渔业养殖等方式，开展各类"光伏+"应用工程，促进光伏发电与其他产业有机融合，通过光伏发电为土地增值利用开拓新途径。探索各类提升农业效益的光伏农业融合发展模式，鼓励结合现代高效农业设施建设光伏电站；结合中药材种植、植被保护、生态治理工程，合理配建光伏电站。

（四）云南光伏产业发展的潜力及其环境贡献

由于丰富稳定的太阳能资源，云南省光伏产业未来具有很高的发展潜力，发展重点主要在光伏农（林、牧、渔）业、光伏提水、光伏制冷（脱水、保鲜）、户用光伏扶贫及城市、工业园区的屋顶分布式光伏领域。

2015年云南省光伏电站发电量6.36亿千瓦时，占全国光伏发电量年发电量392亿千瓦时的1.62%，相当于每年节约22.7万吨标准煤，减少排放二氧化碳57.5万吨，二氧化硫0.2万吨，氮氧化物0.17万吨，对减轻大气污染和控制温室气体排放起到重要作用。

第三节　做优做强生态旅游产业

一、保护和挖掘优势生态旅游资源

按照云南建成生态文明建设排头兵的战略定位，实现保护与开发一体化，实施绿色发展战略，建立健全旅游开发与生态环境保护的良性互动运行机制，发展生态旅游。

（一）重视高原湖泊和湿地生态资源，重启"水（渔）"文化亮点

云南省高度重视湿地资源的保护与合理开发，加大国家湿地公园建设，将湿地保护和恢复的成果提供给公众，作为休闲、娱乐和科普教育的重要场所，体验湿地功能，展示和传承各民族优良的湿地传统文化。湿地旅游景区，从沿岸观光、游船、休闲度假拓展到更多的亲水活动与"水（渔）"文化体验式旅游项目，如观鸟、垂钓、潜水和环湖自驾等。在抚仙湖，多年来根据放鱼和鱼的成熟具体情况，确定捕鱼时间，每年定期举办的开渔节和放鱼节，已经成为当地"渔"文化的重要组成部分。洱海开海节展示4000多年"渔"文化，鱼鹰捉鱼、手撒网等白族人民传统捕鱼技能表演，以及龙舟大赛，已成为最具特色、最具吸引力的民族民间节日和旅游文化节庆品牌之一。洱海的双廊和抚仙湖的禄充等村寨和酒店设计中，使用当地传统原木、麻绳、渔船、鱼篓和鱼灯等元素融入各个角落，展现"渔"文化风貌。

"七彩云南·古滇文化旅游名城"项目作为云南十大历史文化旅游项目之首，其中的"古滇艺海大码头"项目，依托五百里滇池山水资源和湿地景观资源打造的特色文化休闲旅游项目，重现了古滇池"海上"风光，更丰富了古滇名城"水"文化内涵，展示古滇历史"渔"文化的核心载体。在保证游客贴近自然、保护自然，对滇池零排放、零污染的前提下，开展水上游艺项目。

（二）合理开发温泉康体养生特色资源

根据《云南省康体养生旅游发展专项规划（2014—2020年）》，全省分为滇中康体养生旅游核心区、滇西北文化养生、滇西温泉养生和滇西南生态养生3个旅游带，滇池、抚仙湖、阳宗海、洱海等水域湖滨湿地资源，腾冲、弥勒等温泉资源，轿子山、老君山和高黎贡山等森林生态旅游资源，以及普洱和西双版纳的热带雨林和生态茶园等森林生态潜在旅游价值将进一步显现，以带动传统旅游向生态体验、休闲度假和康体养生等高端转型升级。

根据《云南省康体养生旅游发展专项规划》，"十三五"末要在全省范围内打造安宁（温泉小镇）、腾冲（热海温泉小镇）、阳宗海（汤池温泉小镇）、红塔（大营温泉小镇）、华宁（象鼻温泉小镇）、洱源（下山口温泉小镇）、寻甸（星河温泉小镇）、弥勒（福泉温泉小镇）、龙陵（邦纳掌温泉小镇）、梁河（南甸温泉小镇）10个以温泉养生为主要内容的特色旅游小镇。

目前，依托优良和多元的生态环境，建设了一批具有代表性的医疗、运动和养老康体特色产品，以及生态、文化和温泉养生特色产品，形成了一些典型性开发模式，如"温泉小镇＋度假""温泉酒店＋疗养""温泉疗养＋高尔夫""美食＋养生""湖泊＋休憩""治疗＋度假""体检＋旅游""运动＋休闲""户外＋体验""赛事＋节日""养老＋度假""养老＋定居""艺术寻灵＋体验""生态文化＋度假"等。在2013年首届和2015年第二届中国温泉金汤奖评选中，云南分别获得9项、37项，成为获奖项最多的省份。

（三）挖掘森林生态旅游资源的多功能价值

云南森林覆盖率高，占全省总面积的 59.3%，已有 12 个国家级风景名胜区、27 个国家级森林公园、16 个国家湿地公园、13 个国家公园，以及各种类型、不同级别的自然保护区 161 处，这些为森林生态旅游的发展提供了得天独厚的物质基础。云南的 25 个少数民族中，大多数居住在山区、林区，世代与森林为伴，互相依存，和谐相处，积累了各种与不同森林类型相适应的民族文化，为森林生态旅游增添了无穷魅力。

在原有观光、登山和徒步等传统旅游活动基础上，森林生态的潜在多功能价值不断被挖掘，新的旅游休闲线路、产品和活动项目，如探险、攀岩、野营和漂流等体验式旅游项目正不断发掘。古茶园和茶树王考察及高黎贡山生物多样性科考，昆明红嘴鸥、小勐养野象谷、金平和剑川的蝴蝶谷、香格里拉纳帕海、鹤庆草海、昭通大山包等黑颈鹤观鸟地和维西滇金丝猴等野生动物科考以及溶洞知识科普活动等已十分知名。云南已有野象谷、玉溪庄园、七彩云南·古滇文化旅游名城被国家旅游局和环境保护部命名为生态旅游示范区。

（四）提升传统乡村生态美的地域标志性元素价值

传统生态旅游狭义地指自然保护区和森林公园，即侧重于自然景观。中国几千年漫长的农业史，"天人合一"观，广阔的国土和多民族传统文化，形成不同地域特色的农业生态系统和生产生活习俗，以及相应的生态景观、文化景观、自然和文化遗产地、风景名胜区和旅游度假区等，即人文生态型的生态旅游，元阳梯田、东川红土地、普者黑荷花、罗平油菜花、长江第一湾、高原湖泊和湿地"水（渔）"文化等乡村生态美越来越深受人们喜爱。

农业文化遗产作为一种新的遗产类型，因系统与景观具有丰富的生物多样性,而且可以满足当地社会经济与文化发展的需要,有利于促进区域可持续发展,而逐渐得到重视。联合国粮农组织(FAO)把一些农村与其所处环境长期协同进化和动态适应下所形成的独特的土地利用系统和农业景观,列入"全球重要农业文化遗产"保护项目,目前,中国入选11个,是该保护项目中数量最多的国家。其中,2个为云南省的,即普洱古茶园与茶文化系统、红河哈尼稻作梯田系统。入选名录的"全球重要农业文化遗产"对建立全球重要农业文化遗产及其有关的景观、生物多样性、知识和文化保护体系具有重要示范和贡献意义。

在此基础上,中国建立自己的重要农业文化遗产名单,62个入选中国重要农业文化遗产名单中,云南省有6个,包括云南红河哈尼稻作梯田系统、云南普洱古茶园与茶文化系统、云南漾濞核桃—作物复合系统、云南广南八宝稻作生态系统、云南剑川稻麦复种系统、云南双江勐库古茶园与茶文化系统。

这些传统农耕系统中,农田、农作物、传统民居和聚落形式等传统地域标志性元素价值日益得到重视。农业部评选的中国100个"中国最美休闲乡村"中,云南4个村入选,包括巍山县东莲花村(特色民居村)、弥勒县可邑村(特色民俗村)、武定县狮山村(现代新村)、宁洱县那柯里村(历史古村);140个"中国美丽田园"农事景观中,云南6处入选,包括腾冲县万亩油菜花景观(油菜花景观)、云龙县检槽稻田(稻田景观)、元阳县哈尼梯田(梯田景观)、勐海县贺开古茶园(茶园景观)、会泽县大海草原(草原景观)、弥勒市葡萄景观(果园景观)。

加强传统村落保护。云南共615个进入中国传统村落名录名单(第一批62个,第二批232个,第三批208个,第四批113个),

占全国国家级传统村落总数的14.81%，数量居全国前列。通过普查，组织完成了全省村镇20709株古树名木和3340处古建筑的登记、信息录入工作，并结合省级村寨规划建设示范村、农村人居环境改善等工作，推进传统村落保护与发展。按照"一村一档"要求，对村落传统建筑、民族文化和生态资源深入挖掘整理，涌现了一批在全省乃至全国具有一定影响力的村落保护和发展典范，形成沙溪、周城、景迈、西庄、和顺和勐景来等不同模式。

二、合理规划生态旅游开发

（一）高起点规划，高强度投入，高标准建设，高效能管理

省委、省政府确定了把云南建成"亚洲最重要的生态旅游目的地"的战略目标。通过加快建设发展一批国家公园、森林公园、湿地公园和国家级风景名胜区基础上，积极推进创建10个国家级生态文明旅游示范区，带动全省生态旅游发展。同时，以促进低碳旅游发展为目标，加快推动丘北普者黑、昆明滇池、玉溪抚仙湖—星云湖、大理洱海、昭通大山包等10个旅游循环经济试点，积极创建中国旅游循环经济示范区。通过建设香格里拉普达措、梅里雪山、怒江大峡谷等15个国家公园，昆明金殿等40个森林公园和洱源湿地等45个湿地公园，形成一批特色鲜明的生态旅游高端产品。

在巩固提升昆明石林、西双版纳植物园、大理崇圣寺三塔、丽江古城、丽江玉龙雪山和迪庆普达措等6个国家5A级景区基础上，推动一批旅游景区创建新的国家5A级景区，到"十三五"末，全省增加10个以上5A级景区，90个以上4A级景区，形成100个以上的精品旅游景区；将云南省打造成为中国首个"自驾友好型旅游目的地"示范省，国际著名、国内一流的医疗健康旅游目的地；打

造 50 个左右国内知名的体育旅游品牌，创建 10 个以上国家级省级体育旅游基地等。依托国家公园、森林公园、湿地公园，重点打造国内一流、国际知名的生态旅游精品集聚区，加快改造提升 50 个传统旅游景区，新建一批高品质旅游景区，力争建设 20 个旅游型城市综合体，形成 100 个以上的 5A 级、4A 级精品旅游景区。完善和建设昆明滇池、昆明阳宗海、西双版纳等国家级和省级旅游度假区，引领全省度假旅游的高端化、国际化发展。全省规划累计建成运营的国际知名品牌酒店达 60 家以上，并有 10 家以上的国际性健康服务公司、赛事经纪公司、户外运动公司、养生养老机构进入云南设立独立法人公司或分支机构。

（二）优化空间布局

1.基于生态的宏观层面的特色与功能定位。通过明确各区之间目标特征和差异、发展重点和先后次序，以及区域之间和内部功能分区和联系，确立"一核一圈四带五区八廊"的总体布局，实现全省旅游生产力空间布局的优化。

在此空间布局下，通过以世界遗产旅游地、国家旅游度假区、国家公园、旅游城镇、精品景区和旅游综合体等旅游目的地的重大重点基础设施配套项目设计和建设，积极吸引资金、技术、人才、企业、旅游要素设施及相关产业等集聚发展，着力打造一批旅游吸引力强、产业综合实力强、市场竞争力强、辐射带动力强和产业贡献能力强的旅游集聚区，成为滇中国际旅游城市圈和五大旅游片区的核心区、增长级，辐射带动各区域旅游经济和相关产业发展。譬如，5 大世界遗产（3 处自然遗产、2 处文化遗产）旅游地，辐射带动周边旅游区、旅游城镇和特色乡村发展，形成以世界遗产品牌为引领，以遗产旅游为特色的旅游产业集聚区。以全省综合交通基础设施网建设为带动和依托，打造无缝对接，强化交通设施的旅游服务功能。

2. 全域旅游的生态友好型设计和升级。生态旅游要求管理者要认识到自然环境对旅游活动具有承载限度，减少污染，避免超载和只顾短期经济效益，实现生态旅游的可持续发展；要求开发设计者尊重自然的自身价值，具备人与自然共生的观点，建立技术圈与生物圈的共生，设计人与自然协调的生态旅游景观和产品，使自然生态系统与社会经济系统相互协调。因此，生态友好型设计是生态旅游的核心和关键。《云南省旅游产业"十三五"发展规划》提出，以旅游市场需求为导向，以优势旅游资源为依托，以全域旅游发展为方向的原则。

推进森林城市建设，为城市营造绿色安全的生产空间、健康宜居的生活空间、优美完备的生态空间。昆明市在多年免费开放翠湖公园和西华园之后，更多的新建公园对公众免费开放，如月牙塘公园、莲花池公园、海埂公园、滇池沿岸的多个湿地公园，同时，准备通过市场融资，对圆通山动物园、金殿、大观公园、昙华寺、黑龙潭、郊野公园和西山风景区等老牌公园改造后，更多地加入免费开放的行列中。

在乡村旅游方面，推进农村生态建设，加快改善农村人居环境，将提升改造350个旅游特色村，新建300个民族旅游特色村寨、250个旅游古村落，力争"十三五"末，全省建设1000个左右的富有云南特色的"宜居、宜业、宜游"美丽乡村，让广大乡村"留得住青山绿水，记得住乡愁"。

实施道路沿线旅游环境整治计划，建设绿色旅游廊道，全面加强高速公路、旅游干线、旅游专线、景区连接道路的生态建设和环境绿化美化工作，提供游客休息站点，提高厕所的接待能力和清洁水平，规范设置旅游交通标识和广告牌，努力做到主要旅游交通沿线无暴露垃圾，无"白色污染"，无乱搭乱建、乱披乱挂和乱堆乱放的现象，并对损坏的路面、道路边坡、安全设施及时进行整修更换，提高道路通行能力，确保旅游道路畅通无阻。

2016年，丽江市、西双版纳州、大理市、腾冲市、建水县、香格里拉市（首批），大理州、石林县、罗平县、新平县、澄江县、弥勒市（第二批）12个地方先后入围国家旅游局公布的国家"全域旅游示范区"创建名录。

（三）保护优先，有序利用

1.加大生态旅游资源与环境的保护力度。首先，通过制定地方条例，开展具体的执法、监测、科研、社区共管、科普宣教等工作，使生态旅游资源的管理标准化、规范化、科学化和法治化。云南省制定《云南省地表水环境功能区划（2010—2020年）》《云南省新一轮退耕还林还草工程实施方案（2014—2020）》《云南省"十三五"农村环境综合整治工作方案》《云南省全面深化生态文明体制改革总体实施方案》《云南省水污染防治工作方案》等相应的地方政策法规和实施方案。这些地方政策法规、规划和具体实施方案，不仅使管理有法可依，而且根据规划逐年推进工作的深度和广度，使国家政策落到实处，确保水、大气、土壤、森林、湿地和物种方面等达到"十三五"既定改善目标指标。其次，辅助经济手段，长效引导。政府积极通过经济调控手段，引导旅游业向生态旅游方向转型。根据《产业结构调整指导目录》中，康体养生旅游被列为旅游业鼓励类。云南省财政厅下发的《关于印发云南省生态功能区转移支付办法的通知》，首次将湿地保护管理、水质和生态功能的指数计算指标，与森林、耕地等其他指标一道，作为规范云南生态功能区转移支付分配、使用和管理的方法，增强地方政府生态环境保护意识，并能引导政府采用正确的生态保护方式，更有效地发挥湿地生态系统在云南省经济社会中的功能和作用。

2. 高起点开发利用。高起点规划，尤其是重点实施的重大重点旅游项目，需要依托企业和社会力量来完成多方融资和参与，通过高强度投入、高标准建设和高效能管理，实现高起点的规划目标。为吸引国内外有实力的企业投资重大重点旅游项目开发建设，鼓励社会资本依法公平参与公共服务设施建设，采取旅游项目融资、股权转让、授权经营、旅游开发股份合作等灵活多样的模式，创新旅游项目招商引资方式。大量省内外中、小企业也积极投入建设乡村旅游项目，如芳昕草莓农庄、沙朗电力温泉度假山庄、昆明紫色山谷生态农庄、华曦生态山庄、云南红酒庄园等。

3. 社区参与生态旅游地域系统建设。生态旅游地域系统建设除传统"吃、住、行、游、娱、购"六要素外，生态旅游环境（自然和人文）体验和建设成为其更为重要的内容，如自然资源和环境、文化氛围、噪声污染控制、社会治安保障和接待设施的运营等，方方面面体现为全民素质和服务的提高、社区对建设项目的维护。

《云南省旅游产业"十三五"发展规划》中提出的九大重点建设工程中，基础设施建设、传统旅游产品提升、旅游产业业态培育、全域旅游富民、旅游服务质量提升，以及城乡环境整治都需要社区广大群众的参与。所制定的《云南省进一步提升城乡人居环境五年行动计划（2016—2020年）》，以城乡规划为引领，提升居民生活品质为核心。新开展的城镇和乡村建设规划，与生态旅游地域系统建设要求相吻合，将提升和综合协调城乡人居环境行动作为工作重点，在《关于推进全省县（市）城乡村建设规划编制工作的通知》

中，强调"乡村发展有目标、重要建设项目有安排、生态环境有管控、自然景观和文化遗产有保护、农村人居环境改善有措施"。通过《云南省建制镇供水、污水和生活垃圾处理设施建设项目专项规划（2013—2017年）》《云南省农村生活垃圾治理及公厕建设行动方案》《云南省农村污水治理及乡镇供水设施建设行动方案》将行动项目落实到具体的执行时间和地点上。在《关于进一步加强城乡人居环境提升工作的通知》中，再次明确"四治三改一拆一增"全面涵盖城乡区域。

三、实施"旅游+"战略，打造全域生态旅游的新业态

开放的"旅游+"战略，切合生态旅游的全域旅游模式，促成融合发展方式转变，积极推进旅游与新型城镇化、民族文化、美丽乡村、产业建设、生态环境保护、现代信息化等深度融合，确保旅游产业发展高开高走，为稳增长、调结构、促就业、惠民生等各方面作出新贡献。

（一）"+会议产业"培育会展旅游新业态

在北京举办的第六届中国会议产业大会的年度大奖颁奖中，云南上榜"2013最受欢迎国际会奖旅游目的地"。统计显示，截至2017年4月，落地云南的会议超过163个，其中，会议总人数为22319人次，展览总人数超过11万人次，直接会议消费总额达2.8亿人民币。会奖旅游，即会展及奖励旅游，属于典型的高端旅游市场，被看作旅游市场中含金量最高的部分之一，也是旅游产业融合发展、转型升级的重要推手。2017年提出的"从旅游到国际著名会奖旅游目的地"转型的设想与实施，品牌的目标定位是多年积累和水到渠成的结果，作为高端旅游将各地统一到生态基础平台。通过着力培

育和建设会展产业集聚区，建设区域性国际商务会展中心，形成以中国—南亚博览会和中国国际旅游交易会为龙头的大会展格局。

（二）"＋城镇"建设旅游型城市综合体和特色旅游小镇

遵循城市景观化、旅游全域化要求，推进旅游开发与城镇建设融合，通过绿化、休闲公园、服务中心、厕所和标识标牌等公共服务设施，建设一批不同特色的旅游城市、旅游名镇，改善旅游环境，集文化娱乐、休闲度假、商贸流通、游客集散和旅游商品加工等为一体的新型旅游城镇。目前，初步建成 150 个民族特色旅游村，200 个旅游特色村，带动建成 18 个国家园林城镇、51 个省级园林城镇。

《云南省旅游产业"十三五"发展规划》提出，加快建设昆明滇池国际会展中心、昆明古滇文化旅游名城、西双版纳万达国际旅游度假区等 20 个旅游型城市综合体，积极推进 25 个重点城市创建云南特色旅游城市和现代休闲目的地，通过建设 60 个旅游小镇创建云南旅游名镇，提升全省旅游城镇的集聚力和吸引力，进一步带动周边区域旅游发展，创建 60 个旅游重点县。

（三）"＋互联网"提升旅游服务供给质量

虽然，云南相对而言，缺乏统一的旅游大数据中心和旅游网络交易平台，但是，各企业、个体和部门都不同程度地借助现代信息化技术，推动旅游发展模式变革，促进新旅游线路、旅游目的地和旅游产品的宣传，汇聚和整合旅游资源、交通信息、导游系统和服务设施等各行业相关信息，实现旅游供需服务对接，满足不同旅游时间、不同交通方式、不同主题、不同客源的产品和服务需求，有利于旅游产品业态创新，大量传统纸质旅游信息和宣传材料通过互联网、移动网、微博、微信等推出，不仅内容多、形式灵活，更新迅速，旅游服务效能迅速提高，同时，绿色环保避免纸张浪费和带来的垃圾，拓展了产品和服务的市场范围。譬如，省旅发委推出的"会聚云南"微信公众平台，只需"扫一扫"就能获取云南会奖旅游最新、最全的各类资讯。通过互联网，实现旅游宣传、咨询、营销、管理、应急等多方面的旅游服务质量提升。

（四）"+多元交通方式"优化组合多种旅游线路产品

交通为游客流动提供运输条件，一些交通路线本身构成旅游产品的重要部分。对于云南丰富而复杂多样的旅游资源，更是需要通过多元交通方式来实现多种旅游线路产品的优化组合。譬如，通过"航空、铁路+公路""基地机场+直升机场""公路+水运""自驾车+露营地""快速公交+自行车""城市公交+公共免费自行车""自行车道+特殊步道"等不断丰富的多种交通组织方式和旅游模式，实现"旅游客源地—旅游目的地""旅游城市—旅游城市""旅游城市—旅游景点""旅游景点—旅游景点"等不同交通方式载体的旅游新产品和新业态。

通过新机场建设和新航空线路的开辟，以及高铁和公路建设，扩大云南与国内外其他城镇客源地和旅游目的地的联系，发挥跨境旅游国际合作优势。快速成立的多家旅游房车公司和兴起的自驾旅游房车营地，展示云南依托不同交通方式的生态旅游新产品创新基础。《云南省旅游产业"十三五"发展规划》提出了5条自驾车精品旅游线的培育。多年举办的格兰芬多国际自行车节、昆明高原马拉松赛、东川泥石流越野赛、大山包翼装飞行、梅里雪山越野跑、丽江武术节、史迪威公路汽车拉力赛等体育赛事和节庆活动，更是显示了云南多元交通方式的生态旅游潜力。

（五）"+康乐活动"促进旅游升级和城市生活转型

云南具有山地森林资源优势、独特的立体气候、优美的生态环境，以及丰富的中医药、民族医药、生物保健、温泉康疗等特色旅游资源，顺应现代休闲度假、康体养生旅游发展的大趋势，"十三五"林业发展规划提出积极发展生态休闲服务业，《云南省旅游产业"十三五"发展规划》提出，发展养老养生旅游项目、房车自驾游产品、建设自驾游露营地；开发医疗健康旅游、体育旅游基地。到2020年，基本建成环滇池、环阳宗海、环抚仙湖、环洱海4个国际著名的综合康体养生旅游区，腾冲温泉养生、昆明北部康体运动、西双版纳和普洱生态养生4个国内一流的区域性旅游区。

（六）"+高原特色现代农业"开发休闲旅游及其新产品

按照国家和全省推进脱贫攻坚的要求，把旅游发展与培育特色产业、带动农民增收、改善民生等紧密结合，《关于加快高原特色农业现代化实现全面小康目标的意见》提出，转变云南省资源依赖型和重化工污染较重的产业结构，大力发展休闲农业旅游新产品和新业态，以民族特色旅游村、旅游古村落、旅游扶贫村为重点，实施乡村旅游环境整治计划。

《云南省旅游产业"十三五"发展规划》提出，以"建设美丽乡村，打造特色旅游"为目标，实施旅游产业扶贫，积极探索乡村旅游发展的新途径和新方式。未来将重点创建10个以上国家农业休闲园区，建设50个以上全国休闲农业与乡村旅游示范点，以及200个旅游精品农业庄园。带动就业和促进群众脱贫增收为方向，以环境改善为基础，以村容村貌美化为重点，以大力发展休闲农业、农事体验、农家乐、特色种植养殖等乡村旅游产品为载体，在满足游客消费需求的同时，带动贫困群众脱贫致富，促进农民就业增收，改善农村生产生活环境，提升乡村居民的生活品质。

第四节　因地制宜生态扶贫，促进贫困地区全面发展与社会进步

　　截至 2015 年底，云南省有 4 个集中连片特殊困难区域，即乌蒙山区片区、滇黔桂石漠化区片区、滇西边境山区和四省藏区。全省 129 个县（市、区），有 88 个国家级贫困县，居全国第一位；建档立卡贫困人口 471 万，居全国第二位，其中一部分贫困人口居住在生存条件恶劣、生态环境脆弱、自然灾害频发、远离城镇中心市场的农村；一部分则居住在被划为生态公益林区和自然保护区的地方，受到限制性、禁止性开发比重大，资源环境约束大。

　　为保证在 2020 年实现全省贫困县摘帽、贫困乡退出、贫困村出列、贫困户脱贫，全省坚持新发展理念，实施产业发展扶贫、转移就业扶贫、易地搬迁扶贫、教育支持扶贫、健康扶贫、生态保护脱贫、兜底保障扶贫、社会帮扶扶贫等举措，向贫困发起总攻，并创造性地将云南生态文明建设与扶贫开发相结合，在全国较先提出"生态扶贫"新思路，通过生态修复、环境保护、产业致富、民生改善、人地和谐等各项工作，加快了贫困地区农业增效、农民增收、农村经济社会生态健康永续发展的进程。

一、打造"生态保护 + 产业发展"的扶贫新模式

　　习近平总书记考察云南时指出："必须要厚植地方发展的优势，踏实做好绿色文章，让青山绿水成为贫困地区发展的永续增长点。"良好的生态环境是很多贫困农村的亮丽名片和宝贵财富，是农村实现跨越发展的独特优势和核心竞争力。要在生态保护中发展生产，在生产中保护生态，探索"生态保护 + 产业发展"的生态

脱贫新方向、新思路、新举措，推动扶贫开发与资源环境相协调，脱贫致富与可持续发展相促进。

（一）以绿色发展理念推动生态保护与建设向贫困地区集中

推动国家重大生态保护与建设工程项目向贫困地区、贫困农村集中，以科学的态度在贫困地区保护和营造绿色山水，划出生态空间保护红线和产业发展空间，构建科学合理的人与自然和谐共生新格局。

1.推进生态保护建设项目向贫困地区集中。国家实施新一轮退耕还林还草、天然林保护、防护林建设、石漠化治理、坡耕地综合整治、退牧还草、水生态治理、生态移民等重大生态工程，大量的生态保护建设项目和资金向贫困地区集中，加快了贫困地区生态恢复和保持良好的推进速度，如独龙江森林覆盖率达到93%、怒江州及迪庆州森林覆盖率均超过70%，不仅对我国构筑生态安全屏障意义重大，对因保护生态发展受限的贫困人口实行补偿，也极大地提高了贫困农户的受益水平和受益面。"十二五"期间，通过退耕还林还草、生态移民等分解的项目就达30多项，贫困地区坡度25度以上的基本农田尽退出来，为快速调整贫困地区基本农田保有量打下了基础。

2.建设重点生态脆弱地区保护工程。继续实施石漠化综合治理重点工程，把文山、红河等石漠化问题突出的县、乡村整体纳入国家规划治理范围，开展石漠化监测治理。实施水土流失防治重点工程，重点推动怒江州、迪庆州、昭通市等州（市）坡耕地、泥石流多发地、山洪易发地水土流失防治工程，巩固提高水土治理成果，改善生态环境，改善当地生产条件，提高了农村居民参与治理生态的意识。

3.加大综合整治贫困农村环境。巩固农村环境连片整治和环境

"问题村"整治成果,加强环境基础设施管理,建立长效运行维护机制,使贫困农村生活垃圾得到有效治理,促进农村环境的净化洁化美化,支持改善农村生产生活条件,提高农民群众生活质量。加强农村水源地保护,逐步划定农村集中式饮用水水源保护区;大力支持贫困地区农村开发利用沼气、太阳能等清洁能源,改善农村生态环境。

4.推进连片特殊困难地区建设国家公园。在已建成的普达措、梅里雪山、丽江老君山、高黎贡山、大围山、南滚河、西双版纳和普洱8个国家公园的基础上,于2016年集中推进白马雪山、大山包、楚雄哀牢山、独龙江、怒江大峡谷5个国家公园的建设。云南省是全国拥有国家公园最多的省份,保护面积大,处于核心区、试验区、缓冲区的农村较多,发展的约束性较大。通过积极探索和借鉴国际经验,国家公园已在"不仅可促进生态环境和生物多样性的保护,也能带动地方旅游业和经济社会的发展"方面起到越来越重要的作用。

5.快速推进山水林田村综合建设。以2017—2018年为一个周期,推出"重大工程包"建设任务,涵盖生态保护和修复工程、生物多样性保护工程、生态产业化工程、生产清洁化工程、资源循环化工程、清澈水质工程、清新空气工程、清洁土壤工程、清美家园工程9大重点工程220个项目。重大工程包建设强调建设任务产业化,很多项目覆盖广、示范性强,能加快贫困地区形成节约资源、保护环境的生产生活方式,增强贫困群众对生态环境改善的获得感,使贫困地区各民族共同参与建设、共同分享成果,其中覆盖全省各县的"美丽宜居乡村建设"将更主要集中在贫困地区的农村。

（二）以绿色富民举措推动生态资源与生态产业融合发展

习近平总书记说："生态就是资源、生态就是生产力。""十二五"以来，云南省以保护生态和消除贫困为主要目标，以自然保护区、水源保护区、生态脆弱区、地质灾害威胁区、生存环境恶劣地区的群众为主要对象开展生态移民，以小城镇、产业园区、适宜地区等集中安置为主要途径，以产业为支撑，加强资源整合，注重统筹协调，保护与开发并举，加大了贫困片区释放生态资源的能力，促进了生态资源与生态产业的有效链接，贫困地区希望在山、潜力在林、出路在水的生态产业发展道路越走越清晰。

1. 生态移民释放出大量生态资源。充分尊重搬迁户的意愿，采取就地集中安置、异地集中安置、插花安置、进城安置等方式，引导群众或者向合适的地块集中建新村；或者向中心村、小城镇和县城搬迁。统筹整合退耕还林工程、天然林保护工程、农村危房改造和抗震安居、"兴边富民"工程等相关项目资金，配套建设基础设施和公共服务设施，全面解决易地搬迁贫困群众"出行难""饮水难""用电难""通网难"等问题。从 2016 年开始，用 3 年时间完成生态移民 100 万人的目标。生态移民不仅使贫困群众实现了"安居"的愿望，大量的耕地、林地、草原、湿地、水等生态资源获得释放，扩大了产业发展的空间格局。

2. 退耕还林促进贫困地区林业资源快速积累。退耕还林既是生态环境保护建设的一项建设工程，也是一项重要的惠民措施。截至 2016 年底，云南省作为全国实施新一轮退耕还林还草重点地区之一，已全面完成国务院下达的 230 万亩工程建设任务。到 2020 年，25 度以上陡坡地、特殊生态脆弱地区的坡耕地近 1000 万亩全面退出并实施林业修复。退耕还林绿了百姓的山川，极大地促进了贫困地区包括林木资源在内的各种自然资源积累增长，促进生态环境不断趋好，农民增收与林区和谐，为发展特色优势产业奠定了坚实的基础。

3. 生态补偿机制增强贫困居民的经济基础。利用生态补偿和生态保护工程资金，择优安排居住在生态保护区有劳动能力的贫困人口担任护林员，增加贫困户收入。依据"资源变股权、资金变股金、农民变股民"的总体思路，鼓励和引导农民将已确权登记的土地承包经营权入股企业、合作社、家庭农场，与新型经营主体形成利益共同体，分享土地规模经营收益；推进集体将贫困村集体所有土地、林地、草地、荒山荒坡、滩涂等资源资产评估入股，增加集体经济收入；组织开展水电、矿产资源开发项目占用集体土地补偿试点，形成集体股权，使贫困村集体和贫困人口分享资源转化过程中的资产收益。

4. 产业扶贫项目促进生态资源与生态产业纵深融合。全省共投入 12.38 亿元财政扶贫补助资金，实施了 1931 个产业扶贫项目，项目覆盖全省 16 个州（市）121 个县（市、区），涉及农户 129.89 万户，其中贫困户 90.66 万户。项目以贫困农民增收致富为主线，以优化和调整传统农业产业结构为突破口，以科学技术为支撑，推进贫困地区的"资源财富"与提升传统产业、创建新兴产业、培育重点产业和稳固支撑产业相结合，大力发展生态农业、生态林业和生态旅游业，并通过统筹调动内外资源要素，全面推动生态产业内外融合。

（三）在生态产业扶贫中不断开创精准扶贫新局面

1. 在生态产业结构调整中精准扶贫。根据贫困农村长期以来以传统产业为主的实际，一是在调整产业结构中定位精准，把具有一定规模和基础的传统产业作为产业脱贫的重要工作来抓，着力提升传统经作产业和山地牧业发展水平，推进特色产业的培育提升，大力发展绿色生态优势特色产业。二是在产业布局上"长短结合"目标明确。首先发展基础好、投资少、周期短、见效快、效益高的短期特色产业如传统种植业和养殖业，以效益为核心，以示范为引领，尽快使贫困群众获得经济收益。其次以短养长，长短相济，大力发展绿色生态优势特色产业如生态林业、生态旅游业等，吸纳当地群众就地就业获得较稳定的收入。三是在产业推动上精准施策。充分尊重民意，按照"一村一业""一村一品"的要求，因村施策、因户施策、因人施策，保证让地方居民与相关的产业联系起来，促进贫困农户增收的持续性。

2. 在生态产业经营组织中精准扶贫。因地制宜、因人而异，发展政府牵头的"基地＋协会＋贫困户"模式、能人牵头的"合作组织＋贫困户"模式、企业主导的"公司＋合作社＋贫困户"模式、龙头企业主导的"龙头企业＋基地＋贫困户"模式、农村基层党支部主导的"支部＋协会＋贫困户"模式、供销社主导的"供销社＋合作社＋贫困户"模式和技术部门牵头的"技术部门＋协会＋贫困户"等多种形式的扶贫模式，各种模式都强调贫困农户的参与，农户参与流转耕地和林地、农户参与具体的农业生产、农户参与对生态环境的管护治理、农户参与经营旅游产品，参与的过程就是"造血"的过程，提高了农户自我发展的能力。

3. 在生态产业现代化转型中精准扶贫能力。贫困地区生态农业要迈向现代农业的高层次获得永续健康发展，急需提高地方贫困居民的参与技能。"十二五"以来，云南省通过扶贫部门"雨露计划"提高贫困人口技能就业能力，通过科技部门以科技专项实施为载体，加强技术技能培训，通过工会"云岭职工素质建设工程"引导企业吸纳贫困人口就业，通过农业部门"新型职业农民培训工程"，利用农村带头人带动贫困群众发展产业或创业，通过残联实施就业援助，帮助残疾人实现就业，通过工青妇等群团组织发挥密切联系群众桥梁和纽带作用，积极组织职工、青年和妇女开展就业、创业技能培训。针对贫困群众易于进入的旅游、家政服务、餐饮、建筑、汽车修理等行业，对贫困村有就业需求和培训意愿的劳动力特别是建档立卡贫困户劳动力，重点培训他们向非农产业转移就业的实践技能。

二、重建绿色山水，打牢贫困农村的发展基础

习近平总书记明确指出："建设生态文明，关系人民福祉，关乎民族未来，良好的生态环境是最公平的公共产品，是最普惠的民生福祉。生态环境一头连着人民群众生活质量，一头连着社会和谐稳定。"贫困地区实现绿色发展，必须加快绿色山水建设，做活山水文章、念好山字经、做好水文章、打好生态牌，走出一条百姓富裕与生态优美有机统一的绿色发展新路。

"农村是一个留得住乡情、记得住乡愁的地方。"按照《云南省美丽宜居乡村建设行动计划（2016—2020年）》以及"清美家园工程"分解任务，将全省贫困县纳入实施计划，围绕"建设新村寨，发展新产业，过上新生活，形成新环境，实现新发展"的目标任务，开展产业提升行动、村寨建设行动、环境整治行动、脱贫攻坚行动、公共服务行动、素质提升行动和乡村治理行动等七大行动。具体到贫困地区的农村则根据村寨民族传统和历史文化，结合山水田园风光和发展实际，积极参与建设，不断建成清新亮丽的和谐宜

居村寨。

（一）注重自然环境与村落建设的和谐

2016 年，云南省重大扶贫工程施甸县布朗族帮扶、德宏州阿昌族帮扶、西盟孟连两县边境民族特困地区农村安居工程建设、怒江州扶贫攻坚、宁蒗扶贫大会战、澜沧县拉祜族综合扶贫开发、红河南部山区综合开发等顺利完成，其中涉及的新农村建设表明，美丽乡村建设不再是一张图纸走天下，而是更加注重贫困农村的地理环境、资源禀赋和文化底蕴，顺应地形、植被、水体等自然因素，建成小规模、组团式、微田园等地理生态标识明显的村寨，有效改善农村住房条件和生活环境。

（二）注重自然环境与村落文化的和谐

云南很多农村虽然还处于贫困，但对山、水、林、田等自然神灵的崇拜使他们像保护自己生命一样保护生态环境和资源，建村落必定是依山傍水，要有良田，要建成花果园；建庭院必定是房后栽培修竹、榕树、荔枝、芒果、槟榔树等。因此，不断挖掘贫困地区民族聚居村寨民族的自然生态观和传统生态保护观，在新村建设中加强保护传统村落、传统民居、古树名木及古建筑、民俗文化等历史文化遗迹遗存，以民族传统文化符号建设公共设施，优化院落布局，融合传统农耕文化、山水文化、人居文化为一体的生态村落渐成主流。

（三）注重村落的居住条件和生活环境的协调

推进农村饮水安全巩固提升工程，重点发展集中连片规模化供水工程配套、改造、联网，完善净化消毒设施，加强水源保护和节约用水。推进以建制村通村油路为重点的农村公路建设，加快向村民集中居住点、农业园区、农村旅游点延伸，实现建制村 100% 通硬化路面。推进宜居乡村建设的同时也加快农村环境综合治理，通过实施贫困乡、贫困村推进建设，开展改路、改房、改水、改电、改圈、改厕、改灶、清洁水源、清洁田园、清洁家园"七改三清"综合行动，实行人畜分离、厨卫入户。贫困地区诞生了一个个村内房前屋后瓜果梨桃、鸟语花香，村外展现美好田园风光，"望得见山、看得见水、记得住乡愁"的和谐宜居美丽乡村。

三、培育绿色产业，创建金山银山

坚持"绿水青山就是金山银山"的绿色发展理念，"十二五"以来，云南省把绿色发展贯穿于培育绿色产业的各方面和全过程，把绿色产业作为贫困农村经济社会发展的重要抓手，推进绿色生态产业建设发展，增强生态产业对生态保护建设及生态经济发展的基础性和核心性支撑作用，形成"发展生产能致富，不砍树能致富，不外出打工能致富，保护生态环境也能致富"的扶贫攻坚新常态。

（一）大力培育以林业为主的绿色产业集群

云南省现存的贫困农村 100% 处于山区，山区林地林木等生态资源是贫困农村及贫困户最重要的生产资料和最主要的资产。全省林业经过十多年建设发展，通过林业深化改革，林业修复建设，林业法制体系建设，林业投融资体系完善，在森林和湿地资源得到有效保护的前提下，林业产业发展实现新跨越，产业集群逐渐形成，并在纵向推进林业全产业链建设发展，横向上林业第一产业联动发展第二产业和第三产业效益明显，在山区群众脱贫致富中发挥关键性作用，夯实了农村脱贫发展的基础，拓宽了林农收入的渠道，在资源环境保护中吸纳贫困人口就业增收，增加了林产品有效供给，改善了生态状况，转变了发展方式，促进生态文明建设与脱贫增收的协调发展。

1. 夯实林业产业集群的资源基础。通过实施天然林资源保护、25 度以上坡耕地实施新一轮退耕还林还草工程、热带雨林保护工程、防护林体系建设工程、困难立地植被恢复工程、森林灾害防治工程、碳汇林建设工程、森林经营工程、国家公园建设工程、生态公益林、农村能源等重大林业生态工程。截至 2016 年底，全省林业用地面积 2606.7 万公顷，占总面积的 68%，居全国第二位；森林面积 2273.56 万公顷，居全国第三位；森林覆盖率 59.3%，居全国第二位；活立木蓄积量 19.13 亿立方米，居全国第二位。竹类、药材、花卉、香料、野生菌的种类均居全国之首；全省 8 公顷以上的湿地面积约 56.35 万公顷，其中自然湿地 39.25 万公顷，占全省总面积的 1.02%。

2. 推动林业产业全产业链集群发展。着力发展木本油料、林浆纸、林化工、竹藤、野生动物驯养繁殖、木材加工及人造板、观赏苗木、林下资源等特色林产业，打造集基地、产品加工、品牌创建以及市场营销为一体的林业全产业链。林业全产业链加大了与农村和农户的联结，2016 年林业产业经营中直接或间接与农户共建的人工用材林基地 4000 多万亩，建成纸浆原料林基地近 400 万亩，竹藤基地达到 700 多万亩，以核桃、油茶为主的木本油料种植面积达 5000 万亩，主要由农户参与的林业专业合作社达 4243 家。

3. 发挥林业集群对农村"微林业"的带动作用。林业集群发展的效应不断拓展，促进以农村和农户主要经营的"微林业"发展，林木、林果、林花、林茶、林药、林粮、林菜、林畜、林菌等林下、林上"微产"不断形成，符合农村生态产业发展实际，进一步促进林业衍生产业如乡村生态旅游业的蓬勃发展，尤其是在贫困农村，

"微林业"投资小、上手快，增加劳动获酬的机会多，是使贫困农户能广泛参与的产业，在保护生态中发展经济，在发展经济中保护生态，"微林业"的经济社会生态效益越来越明显。

（二）探索发展山区生态创意农业

创意农业是用创意产业的思路有效地将科技和人文要素融入农业生产，把传统农业发展为融生产、生活、休闲、生态维护为一体的现代农业。云南很多贫困农村资源丰富、气候宜人，民族农耕文化多姿多彩，非常适合发展创意农业，将小规模的特色农业生产与云南省全域乡村休闲旅游密切结合，从而增强乡村特色农业的经济附加值和文化附加值，形成一种新型农业产业形态，能充分调动农村群众的生产积极性、主动性、创造性，改善农村生活方式，改善农村生态环境，统筹城乡产业发展，不断发展农村社会生产力。

1. 休闲农业推动创意农业不断发展。"十二五"以来，通过打造现代农业庄园和布局休闲观光农业，休闲创意农业在积极的实践中取得成效。2012年大理市被农业部和国家旅游局授予"全国休闲农业与乡村旅游示范市称号"，它以农耕文化为魂、以美丽田园为韵、以生态农业为基、以创新创造为径、以生态园区为形，将休闲农业发展与现代农业、美丽乡村、生态文明、文化创意产业建设、农民创业创新融为一体，通过休闲农业经营主体的自身发展，带动上万农户就业。2013年开始，台湾与云南省共同推进创意农业生产园建设发展，不仅在石林创建生态休闲园区，还在新平花腰傣之乡共建"海峡两岸云台文化创意农业示范园"，采用精细农业的生产技术和管理技术，提高产品品质、降低生产成本，建设农产品全程追溯系统形成稳定的客户市场。普洱柏联庄园、云南红葡萄酒庄、摩尔农庄、好宝有机庄园等一批庄园成为创意特色农业的集中示范窗口。

2. 现代农业庄园增强与农村和农户的联结。《中共云南省委 云南省人民政府关于大力发展现代农业庄园的意见》明确提出，现代农业庄园要带动农民持续增收，要在培育新型经营主体中加快培育投资者、经营者和生产者权责利有机结合的新型农业庄园经营主体，规定种植类庄园、畜牧类庄园、鱼类庄园、特种种养类庄园要有适宜的基地规模，分别是 500 亩、300 亩、200 亩和 100 亩，对周边农户有紧密的利益联结机制，能对所带动的农户进行产前、产中、产后服务，有标准地组织产品生产和收购销售。现代农业庄园的推进建设不仅使贫困农村得到连片开发，而且"庄园建在村寨里、村寨处处是庄园"，以特色产业为依托，以美丽乡村建设为载体，因地制宜地布局发展以观光、休闲、农耕文化体验、种植和采摘体验、特色餐饮、鲜活农产品采购为一体的生态创意农业，使投资者、经营者和生产者的利益联结更加紧密。

（三）以互联网铸造绿水青山与金山银山

云南省贫困农村较为偏远，村民获得外界信息迟滞，很多时候买卖农作物只能靠中介在中间迂回而抬高价格。实现精准扶贫，加大信息平台建设，大力发展"互联网＋农业""互联网＋电商"，从源头上解决村民"买贵、卖难"的问题。

1. 云南移动发力"宽带乡村"建设。2015 年 12 月，云南移动开展"脱贫攻坚移动信息化工程"，将发展宽带确立为重要工作内容之一。按照"保障 1 个基础能力、打造 3 种差异化产品、落实 6 项重点措施"的思路，采用"4G 无线＋全光纤网络有线"立体式解决方案，保证客户快速流畅地上网，使客户随时随地使用终端快速灵活接入，解决地广人稀、有线建设难度大的农村地区的高速上网问题；在平台方面，云南移动搭建了"6995"网格化服务信息管理平台，推广"十户联防"项目，切实帮助农户解决实际问题，助力地方政府综治维稳，还搭建了教育平台实现教育专网建设，提升校园信息化。2016年即已完成全省90%以上的城镇社区覆盖，同时覆盖60%以上的行政村，怒江、临沧的所有行政村实现4G网络100%覆盖。

2. 地方支持电商平台企业拓展农村服务。地方政府、涉农龙头企业、农户积极支持淘宝、京东、阿里巴巴、苏宁等电商龙头企业进入贫困地区拓展农村业务，逐步建成县有服务中心、乡有服务站、村有服务点的电子商务服务平台体系，一些电商和电商平台企业开辟特色农产品网上销售平台，与合作社、种养大户建立起直采直供关系，形成农产品进城、工业品下乡的双向流通服务网络。支持引进大型物流公司建立农产品仓储、冷链、物流体系，推进农产品销售进入电子商务平台。支持农业龙头企业开展连锁经营、物流配送，支持邮政、供销合作等系统在贫困乡村建立服务网点，不断建设快捷完善的物流配送体系，促进农产品流通。

3. 促进绿水青山"绿变金"。依托基地建设特色农产品电子商务物流园县（市、区）一级建设现代农产品电子商务交易中心，乡（镇）一级有条件的企业建立电子商务交易分中心，村一级建立电子商务服务站。互联网保证农民"用得起""用得舒心""用得好"。"移动宽带10元用"和家庭优惠资费套餐和灵活的宽带计费模式，很好地满足了农户上网、订购等需求，深得农户认可。移动公司推广适合农民的信息终端和信息系统，完善涉农服务信息内容，降低农民使用信息化应用的门槛，村民坐在家里就可以快速完成农产品的生产订单、销售订单、跟踪追溯业务，特别对保鲜要求高的如鲜花、菌类、水果、蔬菜等特色农产品，通过互联网快速投放市场，使农户安全而快速地获得收益。贫困地区植入互联网的综合效益不断体现，如迪庆特色产品实现电子商务平台销售，青稞啤酒、玛卡、葡萄等产品加工向规模化、品牌化推进。旅游服务、促销和监管力度增强，以旅游业为龙头的第三产业健康发展，有效促进了广大农牧民增收致富。

第五章　树立"山水林田湖生命共同体"思想，坚决保护好云南的"绿水青山和蓝天白云"

党的十八大以来，云南坚决贯彻落实习近平总书记系列重要讲话精神和治国理政新理念新思想新战略以及考察云南重要讲话精神，时刻牢记习近平总书记的嘱托："生态环境是云南的宝贵财富，也是全国的宝贵财富，一定要世世代代保护好。"动员全省、全社会积极行动起来，把山水林田湖作为一个生命体进行全面系统的保护，维护好云南的绿水青山、蓝天白云。大力推进以九大高原湖泊保护与治理为代表的环境治理，全力推进"森林云南"建设，全面实施农村生态环境治理，全方位加强和提升城市和工业区的污染防治和生态建设，生态环境保护的攻坚战取得显著成效，交出了一份令人满意的成绩单。

第一节　大力推进九大高原湖泊水环境治理，
高原明珠重放异彩

　　云南是一个天然高原湖泊众多的省份，面积约 30 平方千米以上的湖泊就有 9 个，依据湖泊水域面积大小依次为：滇池、洱海、抚仙湖、程海、泸沽湖、杞麓湖、星云湖、阳宗海和异龙湖。这些湖泊被称为云南的九大高原湖泊（简称"九湖"）。九湖发挥着调蓄水资源、防洪、调节气候、维持生物多样性和旅游观光等多种功能。九湖流域面积虽只占全省总面积的 2.1%，但人口占全省人口的 11% 以上，是全省人口最为密集、开发活动最为频繁、经济最为发达的地区，每年创造的生产总值占全省的 1/3 以上。云南的经济中心、重要城市也大多位于九湖流域内，对全省国民经济和社会发展发挥着极其重要的作用。因此，九湖生态环境的保护，对云南经济社会发展至关重要。九湖的治理，是云南水环境治理的重中之重，必须大力推进九湖治理工作，保护好"高原明珠"。

　　各级政府高度重视九湖治理，在多年的治理中，也摸索出了很多湖泊治理的方法。九湖在自然环境状况及污染成因等方面各有差异，所以在湖泊治理和管理中，按照"一湖一策，分类施策"治理和"一湖一法"开展，近年来取得了显著成效。

一、坚持九湖治理分类施策

　　省委、省政府在九湖水污染综合防治暨滇池保护治理工作会议上，要求要巩固成果，并加大力度，做好九湖的保护和治理工作。科学编制九湖保护治理规划并加快实施，推进九湖重点工程项目实施。突出"一湖一策"，根据不同湖泊水环境质量现状和富营养化阶段，以问题为导向，按照预防、保护和治理三种类型分类施策。

对水质优良的抚仙湖和泸沽湖，通过划定重要生态功能区，划定生态红线，实行最严格的保护，确保了水质稳定；对受到轻度污染的洱海、程海及阳宗海，通过产业结构调整、农业农村面源治理及村落环境整治、控污治污、生态修复及建设等措施进行了综合治理，主要入湖污染物总量基本得到控制；对污染较重的滇池、星云湖、杞麓湖、异龙湖，采取全面控源截污、入湖河道整治、农业农村面源治理、生态修复及建设、污染底泥清淤、生态补水等措施进行了治理。

二、坚持系统治理

湖泊水质及水环境出现问题，症状在湖体，但病根在陆地。湖泊的治理，必须从流域治理出发，综合治理。同时，针对不同湖泊的污染成因及特征，实行针对性的精准治理。

（一）从流域着眼，重点环节着手

按照系统工程的思路，解决高原湖泊水环境问题，在认识上，一要跳出水体治理水污染，提高陆地生态系统对湖泊水资源的再生性维持能力尤为重要。二要跳出湖泊解决湖泊问题，降低城市和城镇及其发展对湖泊生态系统环境的污染负荷。三要跳出环境问题解决环境问题，优化流域生态经济结构和空间布局至为关键。

在治理方式上，要把生态文明建设纳入湖泊保护治理和区域经济社会发展的全过程，从源头查问题，从根子上抓治理。一是要减压发展，全面降低对湖泊的生态环境负荷。二是要优化发展，充分考虑水环境敏感性和环境容量，重新划定生态红线，所有产业和布局应离湖建设。三是要清洁发展，比如对于昆明市，应从区域水环境容量和省会的功能需要，打造和提升城市功能，寻找发展新动力。四是要跨越发展，调整与高原湖泊治理相关的经济社会发展的战略布局，抓好源头预防、过程控制和末端治理三个环节，全力推进湖泊水环境治理工作。

（二）从功能着眼，结构着手

在湖泊的保护和治理中，必须从恢复湖泊的稳定性、自净能力及生态和环境功能着眼。要让湖泊恢复这些功能，就必须从流域和湖泊生态系统着手，恢复湖泊良性健康的生态系统。尤其是在外源截污、入湖污染负荷已经得到削减，水质有所好转的前提下，恢复流域和湖泊的健康生态系统是湖泊治理阶段中极其重要的一个措施。恢复良性健康的生态系统，有如使病人恢复健康，从而提高对疾病的免疫力和抵抗力。流域内植被的恢复，可以减少水土流失和削减面源污染。河道生态系统的构建，也对入湖水质有净化作用。湖滨湿地的建设，成为水陆界面重要的缓冲过渡带，既能净化水质，又能提高地区的生物多样性，改善景观。湖内水生态系统的恢复，则能很大程度上提高湖泊的自净能力。当湖泊富营养程度得到改善后，藻类生物量会减少，水体透明度将提高，将会促进沉水植物的恢复，进而吸收水体中的氮、磷等养分，从营养竞争上可以抑制藻类的急剧增殖。

（三）从全局着眼，任务和责任层层分解着手

湖泊和水系的治理，必须从全局着眼，从整个流域、多项举措并重，把任务和目标层层分解。从行政层面上，建立市级—县（区）—乡（镇）—街道办（村委会）的多级任务和目标责任分解。在不同职能部门间，涉及农、林、环保、水利等部门，与政府层层签订目标责任书，落实项目和任务。通过任务和责任层层分解，把湖泊水环境防治工作落实到整个流域。近几年来，由于每年都层层签订任务目标责任书，并启动严格的问责制度，很多项目的实施和推进有了很大提高。其中，包括河长责任制，分区、分段巡河已经成为日常工作制度，及时发现问题，及时处置问题，使入湖河道水质有保障。

（四）坚持以流域为单元的系统治理

九湖污染控制对云南省经济社会与环境可持续发展具有重要意义。针对九湖治理，云南省一直坚持以流域为基本单元的科学治理思路，有力地保障了高原湖泊的生态健康与经济社会的持续发展。流域是天然集水单元概念，是水环境要素迁移转化的主要空间范围，也是人水交互作用发生的关键地区。水资源及其生态服务功能的发挥是以流域为基本单元，人对水的利用与调控也发生在该区域内。突破传统行政边界管理，实行以流域为基本控制单元是尊重自然规律、实现科学高效污染治理的重要工作基础。只有控制住流域内水资源和水环境利用效率和方式，才能实现湖泊和重要水体的环境安全与健康。坚持以流域为基本控制单元的系统治理思路是云南高原湖泊治理实践取得的重要经验之一。

（五）坚持陆域—水域的同步治理

湖体水环境和水生态变化是人们对环境变化最为直接的感受方式。在经济社会迅速发展的压力下，部分高原湖泊环境质量曾出现急剧下降，治理湖泊污染成为云南高原湖泊管理的重要目标和内容。直接面向水域的污染治理是水污染控制的重要内容，效果也最为直接和明显，成为水域污染整治的首要对象。然而，从湖泊污染形成的原因看，流域污染物一般是湖体污染物的主要来源，控制源头排放对水域生态的保护至关重要。云南高原湖泊的入湖污染物也符合这一基本规律。陆域是水体污染物的主要来源，也是水域环境恶化的主要原因，并且在未来相当一段时期内保持较高的污染贡献。因此，从污染来源看，陆域才是水域污染的来源，要真正治理好水域，必须综合考虑陆域的污染治理，从源头上削减污染来源，降低入湖污染负荷压力。

探索并全面推行"河长制"。从陆地污染源治理入手，要求河长对辖区水质目标和截污目标负总责，实行分段监控、分段管理、分段考核、分段问责。治理的实践表明，陆域和水域同步治理是湖泊水环境改善的有效途径，保护湖泊水环境，既要恢复水域生态系统健康，又要控制住陆域污染负荷输入。

三、高原明珠重放异彩

（一）高原湖泊治理成效显著

省委、省政府高度重视九湖治理，尤其是在习近平总书记到云南考察了大理洱海，叮嘱"一定要改善好洱海水质，过几年再来，希望水更干净清澈"后，把湖泊治理作为重点工作抓，加大湖泊治理的力度，使湖泊水环境从2015年到现在有了显著的改善。

1.九湖治理总体概况。"十二五"期间，九大高原湖泊保护与治理工作始终坚持"一湖一策"、分类施策，以大幅削减入湖污染物为基础，以恢复流域生态系统功能、改善湖泊水环境质量为重点。九湖"十二五"规划项目共292项，总投资548.99亿元，项目开工率达到96.23%，完工率达到75.68%。在流域经济快速增长、人口环境压力不断加大的情况下，九湖水质总体保持稳定，抚仙湖、泸沽湖、洱海达到水环境功能要求，滇池通过了2015年国家考核。九湖水污染综合防治工作成绩显著，"十二五"规划的目标任务基本完成。

滇池流域被纳入《重点流域水污染防治规划（2011—2015年）》中。2016年，国家考核组对滇池流域开展2015年度考核，流域内33个考核断面中，有21个达标，达标断面比例达63.6%，考核总分72.7分，评定为较好。"十二五"期间共有项目101个，规划总投资420.14亿元。截至2015年底，已完成项目67个，在建25个，项目完成率为66%，完成投资289.79亿元，投资完成率为69%。

大理州全面打响洱海抢救性保护治理攻坚战，实行最严格的保护制度，加快实施流域"两违"整治行动、村镇"两污"整治行动、面源污染减量行动、节水治水生态修复行动、截污治污工程提速行动、流域执法监管行动、全民保护洱海行动等七大行动，洱海水环境功能得到恢复，水环境质量保持稳定。

2. 九湖治理取得的成效。水质优良的湖泊保持稳定，抚仙湖、泸沽湖总体水质稳定保持Ⅰ类；水质良好的湖泊持续改善，生态系统功能逐步恢复，阳宗海砷污染治理目标基本实现，水质改善明显；程海湖水环境质量有所改善，水位也得以维持；而重污染的湖泊水质改善明显，控污、治污及生态修复有所突破，星云湖、杞麓湖、异龙湖初步完成农村环境综合整治等工程并进行有效补水，三个重度污染湖泊目前水质恶化趋势得到遏制，主要污染指标明显改善；滇池治理持续推进环湖截污等六大工程建设，目前湖体水质不断改善，已由重度富营养转变为中度富营养，主要河道综合污染指数下降，蓝藻水华程度持续减轻，水华爆发时间推迟、周期缩短、频次减少、面积缩小、藻生物量减少，流域生态环境明显改观，滇池治理正在走出一条重污染湖泊水污染防治的新路子，为深化中国湖泊水污染防治提供了有益借鉴。

九湖"十二五"规划目标任务总体已经完成,进入"十三五"规划的实施中。监测结果表明,九湖水质总体保持稳定,主要入湖污染物总量基本得到控制,重污染湖泊水质恶化趋势得到遏制,主要污染指标呈稳中有降的态势。抚仙湖和泸沽湖总体水质保持Ⅰ类,洱海水质在Ⅱ类和Ⅲ类之间波动;阳宗海水质在 2015 年为Ⅳ类,2016 年 11 月到 2017 年 6 月已稳定恢复至Ⅲ类;程海湖水质一直维持在Ⅳ类(pH 值、氟离子除外);星云湖、杞麓湖、异龙湖水质虽为劣Ⅴ类,但水质恶化趋势得到遏制,主要污染指标有明显改善;原先污染严重的滇池的主要污染指标浓度大幅度下降,2016年,草海和外海水质总体由原来的劣Ⅴ类转变为Ⅴ类,滇池水质20 年来首次从劣Ⅴ类上升为Ⅴ类,改变了全国倒数第一名的历史。2017 年上半年,滇池外海草海水质均稳定为Ⅴ类。

(二)九湖治理取得的经验

1. 依法进行保护。为了能够对九湖加强保护,针对各湖的情况,制定了相应的保护条例,形成"一湖一法",这些条例的颁布实施,在湖泊保护中发挥了法律效力,为"一湖一策"保护和治理工作提供了法律依据。

目前已经颁布的有关湖泊保护的条例有:《云南省滇池保护条例》《云南省抚仙湖保护条例》《云南省阳宗海保护条例》《云南省星云湖保护条例》《云南省杞麓湖保护条例》《云南省宁蒗彝族自治县泸沽湖风景区保护管理条例》《云南省红河哈尼族彝族自治州异龙湖保护管理条例》《云南省大理白族自治州洱海保护管理条例(修订)》《云南省程海保护条例》等。党的十八大把生态文明建设列入"五位一体"的总体布局,提出更高的生态文明建设要求,根据各湖泊保护与治理的需要,九湖对已有的条例均进行了修订,在修订过程中反复征求各部门和专家的意见，并进行公示收集公众的意见，现已颁布实施，将对九湖保护与治理、湖泊流域经济开发等发挥法律效力。此外，还依据当前治理需要，增加制定了一些管理规定和办法。针对滇池当前湖滨带管理存在的问题及迫切需要解决的问题，2016年3月，昆明市人民政府第111次常务会议上通过了《昆明市环滇池生态区保护规定》，规定于2016年6月1日起实施。该规定明确了滇池生态区的范围、保护内容和管理方法；科学划定了永久禁渔区、重点鸟类分布区和土著、稀有水生植物保护区；对湿地的保护和管理发挥了重要作用。

2. 领导重视，形成联动机制。从省委、省政府到九湖所在地各级党委和政府，一直以来高度重视九湖的水污染防治工作，一把手亲自抓，分管领导具体组织开展工作，有关部门协同配合，建立健全了湖泊保护治理综合协调机制，成立了云南省人民政府九湖水污染综合防治督导组，对九湖治理过程及效果进行督导。省委、省政府领导多次开展九湖治理工作调研，对九湖治理工作及时作出指导，省市各级政府每年召开湖泊水污染防治的工作会议，由主要领导直接部署，现场推动，及时解决湖泊保护治理工作中的重大问题。各级政府督办、专家组，以及人大、政协等每年组织力量对九湖治理进行考察、监督和检查。各级人民政府切实落实主体责任，在云南省市各级党委、政府的重视和主导下，积极推进九湖保护与治理工作。

3. 坚持保护优先，湖泊生态功能不断提升。坚持预防和保护优先，同步治理。把维护湖泊生态系统完整性放在首位，划定生态红线，严格控制开发利用对湖泊生态环境的影响。通过湖滨区"四退三还"、湖滨湿地恢复与建设、入湖河道综合整治、退耕还林、面山植被恢复、小流域综合治理等生态措施和工程措施，加强管理，九湖流域森林覆盖率逐步提高，水源涵养、水土保持、生物多样性维持等生态功能持续增强，河流生态廊道体系逐渐完善，湖滨带土地利用格局等得到进一步优化，为湖泊保护构筑了坚实的绿色屏障。

4. 坚持治污为要，截污控污体系基本形成。率先实施河长制，实行源头监控、过程管理，综合运用工程措施、科技措施和管理措施，严格控制入湖污染物总量。通过在九湖流域系统全面开展工业企业污染治理、城镇截污治污设施建设、村落环境综合整治、畜禽粪便治理与资源化利用、主要入湖河道综合治理、生态清淤等一系列工程，环保基础设施体系不断完善，主要入湖污染物总量基本得到控制，为水环境质量改善提供了有力保障。

5. 坚持制度创新，湖泊治理长效机制日益完善。通过不断强化巩固，已经逐步形成"一湖一法、依法监管，政府负责、综合管理，环保监管、部门协调，统筹规划、综合治理，责任分解、考核问责，专家督导、公众参与，科技支撑、资金保障"的一整套长效管理机制，并建立起广泛参与的群众监督举报制度、湖泊水质状况与治理情况定期公报制度等，有力地保障了九湖水污染防治各项任务的实施。

6. 整合管理与技术优势力量，实现湖泊治理科学决策。在湖泊治理中，积极吸纳国内外水污染治理的专家和技术人才，依托于国家重大科研项目成果，以及国内外先进治理技术和经验，针对每个湖污染成因，针对性地制定湖泊科学治理的策略、规划和方案。

第二节　全力推进"森林云南"建设，
生态建设取得新突破

　　习近平总书记指出"林业建设是事关经济社会可持续发展的根本性问题"，他还提出"森林是国家、民族最大的生存资本，关系生存安全、淡水安全、国土安全、物种安全、气候安全和国家外交战略大局"。云南素有中国生物多样性的天然宝库和资源基地的美誉，森林覆盖率为 59.3%，高出全国平均水平 33 个百分点；全省活立木总蓄积量 18.95 亿立方米，在全国各省区中处于前列；森林生态系统服务功能价值达 1.48 万亿元，在全国各省区中处于第二位。

　　建设"森林云南"是省委、省政府从云南省情实际和发展需要出发、审时度势作出的重大战略决策，是统筹林业改革发展各项工作的总抓手和生态文明建设的重要载体，也是彰显云南特色和优势的生态形象品牌。云南省把生态建设放在林业工作的首位，大力推进天然林保护、退耕还林、防护林体系建设、石漠化治理、农村能源建设等重点工程和生态效益补偿制度，在各方面均取得显著成效。

一、大力开展天然林资源保护工程

（一）天然林保护是林业生态文明建设的关键

　　云南是生态环境比较脆弱敏感的地区，特殊的地质构造与地形地貌、复杂的气候环境，导致植被恢复和演替过程非常缓慢，一旦破坏极难恢复，保护生态环境和自然资源的责任十分重大。因此，实施天然林保护是林业生态文明建设的关键，保护天然林不仅有利于保护林地自然资源，还可以发挥其生态环境效益，进而构建生态安全屏障，既可推动云南自身发展，也可彰显区域生态优势，使云南在参与国际国内区域合作中发挥更大的作用。

习近平总书记强调："要全面保护天然林，保护好每一寸绿色。"天然林不仅是重要的自然资源，而且还能够为生态文化建设提供社会基础，通过发展森林文化、生态旅游文化、绿色消费文化等，形成尊重自然、顺应自然、保护自然的文化核心价值观，以达到全社会对生态文明的认知认同。

（二）天保工程区实现"一减三增"，推动云南林业生态建设

建设生态文明，林业重任在肩。省委、省政府编制了《云南省生态文明建设林业行动计划》，并着力加快推进"森林云南"建设。《云南林业发展"十三五"规划》明确了"十三五"的七大任务和十大重点工程。根据国家林业局划定的 4 条生态保护红线，云南省确立了到"十三五"末林地和森林保有量不低于 2487 万公顷和 2319.64 万公顷、森林覆盖率力争达到并保持在 60% 左右、森林蓄积量保持在 18.95 亿立方米以上、自然湿地面积保持在 39.2 万公顷以上、自然保护区面积不低于 300 万公顷的宏观目标。云南省在深入推进天然林保护国家重点生态工程的同时，还启动实施了低效林改造、陡坡地生态治理等具有云南特色的生态建设工程。

天然林资源是森林资源的主体。云南天然林面积占全省森林面积的 80% 以上，以前天然林又是云南省采伐利用的主要对象。从2016 年开始，国家实行全面停止天然林商业性采伐的政策，云南集体天然商品林年采伐限额从采伐限额编制时的 532 万立方米调减至零，约占全国调减总量的 33%，是全国天然商品林生产量削减幅度最大的省份。虽在一定程度上对云南省林业经济发展和广大山区林农脱贫致富产生一定影响，但与此同时森林资源消耗量的大幅减少也获得了明显的生态环境效益。"十二五"以来，云南完成营造林 3634 万亩,义务植树 5.28 亿株,林地面积由 3.64 亿亩增加到 3.75 亿亩,森林覆盖率由 52.9% 提高到 59.3%,提高了 6.4 个百分点;森林蓄积量从 16.37 亿立方米增加到 17.68 亿立方米,增加了 8%;全省森林生态系统年服务功能价值达 1.48 万亿元,居全国前列。工程实施以来,生态环境明显改善,工程区实现"一减三增"的成果,即森林资源消耗量减少,有林地面积增加,森林覆盖率增加,森林蓄积量增加。天保工程获得了明显的生态效益。目前云南省天然林资源保护工程二期正在实施中,通过二期工程,每年森林管护面积将达到 15232 万亩,建设公益林 1485 万亩,中幼林抚育 1370 万亩。工程的实施,将有效恢复森林植被,控制水土流失,增加生物多样性,改善生态环境质量,为云南省及长江中下游的生态安全作出重大贡献。

(三)长效机制建设保障天然林可持续管护

党的十八届五中全会明确提出"完善天然林保护制度,全面停止天然林商业性采伐",习近平总书记作出"要研究把天保工程范围扩大到全国,争取把所有天然林都保护起来"的重要指示。保护好天然林,是建设生态文明的根本要求,是践行绿色发展、维护生态安全和建设长江上游生态屏障的重要举措。天然林可持续发展是林业工作的重头戏,为此,云南省按照国家天然林资源保护工程实施方案,采取不同机制与措施,实现天然林的有效管护及可持续发展。

1. 切实落实责任制。深入贯彻云南省出台的《各级党委、政府及有关部门环境保护工作责任规定(试行)》,切实健全完善并执行好保护发展森林资源目标责任制,充分发挥责任制总抓手和总推进器的作用,强化责任落实,以最严格的制度和长效机制保护管理好全省森林资源。同时实行责任追究制度,对重大毁林案件、违规使用工程资金和重大工程质量事故的有关领导和责任人要进行责任追究，以确保工程的健康、顺利发展。责任制可以在不同行政层次上落实，云南省人民政府发布公告，与各州（市）政府签订天保工程行政首长目标责任状，州（市）和实施单位实行分片包干责任制等措施，层层分解落实。

2.严格落实天然林管理。切实落实《天然林资源保护工程森林管护管理办法》。第一，完善天保工程管理的各项规章制度，确保天保工程建设有章可循、有规可依。第二，强化天保工程管理机构和队伍能力建设，调整充实天保工程管理人员，加强培训，提高人员素质，创新管理手段。第三，严格天保工程质量管理，确保天保工程质量和进度。第四，加强资金管理、审计稽查及资金使用监督，确保资金安全。第五，强化天保工程核查，严格执行检查验收制度。

3.保障林农利益。认真落实生态效益补偿政策，对权属为集体和个人的国家级公益林和省级公益林全面实施生态效益补偿，严格按照规定兑现补偿资金。鼓励和引导林农开展人工林的培育与利用，充分调动林区农民爱林护林的积极性。妥善安排森工企业、国有林场职工继续从事森林管护相关工作，保障职工就业。通过调整产业结构，促进林区经济发展转型。充分发挥工程区天然林资源的比较优势，加快发展森林生态旅游、林下资源开发、特色种养等产业，为山区农民培育稳定的收入来源。目前云南已初步形成滇中地区以野生菌、林下药材及木本油料产品的加工及流通为主，滇东北地区以林下药材（天麻、重楼等）种植为主，滇南地区多种植石斛、三七等林下药材，滇西北及滇西南地区依托丰富的旅游资源开展森林生态旅游的发展格局。根据林业行业统计，2016年全省木本油料和林下经济产业得到长足发展，面积分别达到5000万亩、6800

万亩,已实现产值315亿元和650亿元。

4.探索新的管理经营模式。为了提高工程质量,培植后续产业,云南省积极探索森林资源管护新机制,如大姚县实行以岗定责、以岗定薪、聘用上岗的管护机制,对所有参加森林管护的重点森工企业和地方森工企业职工一律统一管理,并根据管护成效兑现管护质量保证金和奖金。如南华县为加强森林资源的管理,结合实际积极探索新的管护模式,采取将山林承包给村民小组或个人管护,食用菌收益权归承包人所有的方式进行森林资源管护,不但有效地管护了森林资源,而且还实现了林农增收。

5.健全完善长效机制。结合本地实际建立全方位森林资源保护长效机制,做到标本兼治,切实从根本上遏制破坏森林资源违法犯罪现象。云南省已从以下几个方面完善森林资源长效保护机制:第一,积极争取加大资金投入与资金管理力度,形成林业投入稳定增长的常态化机制。第二,强化林业科技支撑,通过推进林业科研平台和基础设施建设,加大林业科技创新和成果转化力度,强化林业科技人才队伍建设管理,努力提升科技对林业建设的支撑和引领作用。第三,进一步建好基层林业站、木材检查站、保护区管理站、国有林场、林区派出所等基层站所;同时将林业宣传工作作为生态文化建设重要抓手,充分利用宣传媒介,加大林业重大改革、重大政策、重大举措、重大成果的宣传力度,为林业改革发展营造良好氛围。第四,继续深入开展"森林云南"建设示范基地创建活动,认真总结工作经验,真正做到通过示范创建打造品牌。第五,加快林业信息化建设步伐,实现省、州(市)、县(市、区)林业专网互联互通。

二、加大退耕还林还草力度

（一）退耕还林还草，重塑云岭绿色山河

退耕还林还草工程是我国乃至世界投资最大、政策性最强、涉及面最广、群众参与程度最高的一项重大生态工程。该工程从保护生态环境出发，将严重退化的耕地进行有计划的停止耕种，因地制宜地进行造林种草，以恢复植被、改善生态环境。党的十八届三中全会对全面深化改革作出了总体部署，提出要加快生态文明制度建设，并将稳定和扩大退耕还林还草范围作为全面深化改革的336项重点任务之一大力推进。因此，实施退耕还林还草是我国深化改革的措施之一，成为当前实现绿色增长、科学发展的主要手段，将进一步增强我国的生态承载能力，提升综合国力。退耕还林还草工程是提升民生福利的重要措施之一。因此，实施新一轮退耕还林还草正是促进民生改善和发展方式转变的重要手段，可进一步保持经济平稳较快增长，实现经济社会全面协调可持续发展。

退耕还林还草工程是省委、省政府建设"绿色生态安全屏障"的重要组成部分，通过实施新一轮退耕还林还草，为实施"兴林富民"战略、推进"森林云南"建设注入了新的动力，是云南全面深化生态文明改革和生态建设的重大突破口和切入点。加快传统农业向生态产业转变，坚持走"靠山脱贫，以林致富"的道路，对于改善民族地区的生态和民生、促进山区产业结构调整转型和山区群众增收致富、促进边疆民族地区的社会稳定和边防巩固有着重要的现实意义和战略意义。

（二）生态建设与产业发展深度融合，实现生态与民生改善的互赢

自退耕还林工程试点以来，省委、省政府一直高度重视退耕还

林工作，提出了"突出重点抓生态，坚定不移地走可持续发展"的生态建设及林业发展思路，把退耕还林确定为云南省生态环境保护与建设的重点工作之一。"十二五"以来，全省林业系统根据"生态立省"战略，实施了木本油料产业、林浆纸产业、林化工产业、竹藤产业、野生动物驯养繁殖产业、森林生态旅游产业、木材加工及人造板产业、林下经济、观赏苗木产业等林业九大产业，逐步实现生态建设与产业发展并重、生态改善与林农致富双赢的转变。2000—2015年云南完成国家下达的退耕还林还草任务1818.6万亩，其中退耕地还林533.1万亩、荒山荒地造林1065万亩、封山育林220.5万亩，完成投资121.5亿元。工程覆盖16个州（市）129个县（市、区），惠及130万户退耕农户544.6万人。通过15年的建设，退耕还林还草为云南生态环境改善、助农增收致富、产业结构调整作出了突出贡献。

1. 生态状况明显改善。全省通过退耕还林工程完成人工造林面积1582.1万亩，全省25度以上和15—25度陡坡耕地减少465.4万亩，陡坡耕作面积明显减少，工程区林地面积大幅增加，生态环境逐渐好转。据退耕还林工程生态效益监测站监测，25度以上陡坡耕地营造生态林，其径流量下降了82%，径流中泥沙含量下降了98%，乔木林退耕地有机质比未退耕地增加41.66%，全氮含量增加37.5%。云南省退耕还林工程营造的林木每年涵养水源30.4亿立方米、固土4353.7万吨、固碳256.5万吨、释氧606.6万吨、吸收污染物14695.8万千克，每年生态效益总价值量达739.5亿元，是工程投入的6倍，随着林木的生长，生态效益会更加突显。通过退耕还林还草工程的实施，全省增加了林草面积1582.1万亩，覆盖度增加2.1%，为全省生态的持续改善和美丽云南建设作出了巨大贡献。

2. 退耕农户收入明显增加。云南省退耕还林还草工程区大多处于少数民族贫困地区，退耕还林还草的补贴资金超过了农户从原广种薄收的耕地中获得的收益，成为他们重要的经济收入来源。目前，退耕还林种植的核桃、茶叶、花椒、竹子等已开始产生经济效益，成为退耕农户稳定的收入来源。通过工程实施，有效推动了农村剩余劳动力向城镇和二、三产业转移，促进了退耕农户生产经营由原来以种植、养殖为主向多元化格局的转变，拓宽了增收渠道。

3. 粮食生产能力明显提高。省委、省政府认真贯彻落实党中央、国务院耕地保护的有关政策，在确保退耕农户人均留足 1 亩口粮田的基础上，加大了对退耕还林区基本农田建设的投入。虽然工程的实施减少了部分陡坡耕地面积，但通过实施巩固退耕还林成果专项规划基本口粮田建设，推进中低产田改造，加上农业生态环境的改善、农业实用技术的推广，全省粮食连续多年增产。

4. 产业结构调整明显加快与优化。各地按照省委、省政府提出的"生态建设产业化，产业发展生态化"的发展思路，紧紧抓住国家实施退耕还林还草的机遇，结合林产业发展，充分利用退耕还林还草补助期长、投资高、涉及农户多的特点，引导和带动广大农户大力培植特色经济林，努力扩大种植面积，推动林产业大发展，增强脱贫致富的后劲。全省退耕还林工程和巩固成果种植业共建设产业基地 1754 万亩，其中包括云南松、思茅松、桉树、竹子等用材林基地，核桃、油茶等木本油料林基地，八角、茶叶、桃李等其他特色经济林基地三大类型。在退耕还林等生态建设工程的带动下，全省木本油料基地从 2002 年的 900 万亩增加到 2013 年的 4450 万亩。工程实施后，还有效推动了农村剩余劳动力向城镇和二、三产业转移，促进了退耕农户生产经营格局的转变，拓宽了增收渠道，为调整农村产业结构、促进经济社会健康发展奠定了良好基础。

5. 退耕还林成果得到切实巩固。通过巩固退耕还林成果专项规划建设，退耕农户人均新建 0.9 亩基本口粮田，人均达到了 1.3 亩，口粮自给能力增强。退耕农户新建沼气池 10.3 万户，改建节柴灶 10.2 万户，安装太阳能 15 万户，改善了生活方式和生活环境，有效提升了生活质量。通过引导退耕农户开展补植补造 140.5 万亩，优化树种 75.5 万亩，发展林下种植 37.8 万亩，退耕还林成果得到了有效巩固，提高了退耕还林的质量和效益。国家核查表明，退耕地到期面积林木平均保存率达 99.9% 以上，成林率达到 95.9%。

（三）实施新一轮退耕还林还草工程

省委、省政府始终高度重视退耕还林还草工作，将退耕还林还草工程作为构建西南生态安全屏障的重要措施、争当生态文明建设排头兵的重要内容、深入推进脱贫攻坚的重要抓手。省委、省政府按照"生态美、百姓富"的发展思路，将新一轮退耕还林还草列为年度重点工作和重点督查的 20 项重大建设项目。根据财政部等八部委《关于扩大新一轮退耕还林还草规模的通知》精神和省委、省政府"25 度以上坡耕地应退尽退、15—25 度坡耕地能退则退"要求，将全省 25 度以上陡坡耕地全部实施新一轮退耕还林还草。同时，积极争取国家支持，力争将全省坡耕地梯田、15—25 度重要水源地和石漠化地区非基本农田坡耕地以及严重污染耕地等生态区位重要、生态情况脆弱、集中连片特殊困难地区的坡耕地纳入国家扩大新一轮退耕还林还草工程范围，逐步组织实施。

三、分区施策，加快推进防护林体系建设

防护林在防御自然灾害、保护基础设施、保护水土资源、维护生态功能方面发挥着重要作用。防护林建设是人工促进生态恢复和更新的重要手段，也是通过人为投入引导生态系统自我更新、修复实现生态平衡的一种行之有效的方法。云南省位于江河源头，生态区位十分重要，国家和云南省陆续开展了"长江防护林工程""珠江防护林工程""怒江、澜沧江两江流域生态修复工程""牛栏江—滇池补水工程""森林植被保护工程"等防护林建设，已经形成了比较完备的以水土保持、河岸保护、道路防护、水源保护功能为核心防护林建设体系。

（一）云南省自然条件多样性对防护林建设提出的新要求

防护林建设的核心是通过在荒地或退化生态系统中种植先锋树种，借助先锋树种对于土壤、水分、光照等环境因子的局部改造作用促进生态系统的恢复。因此，防护林建设要取得成效，必须考虑种植树种、种植方式与防护林种植地环境的匹配性问题。云南省自然环境的多样性和差异性决定了云南防护林建设不能按统一的模式开展。因地制宜、分区施策成为云南省防护林改造和建设的基本思路和策略。

（二）因地制宜的防护林建设策略

经过30多年防护林建设的探索和实践，云南省已经根据干热河谷、石漠化地区、城市面山区等不同地区的特点构建了一套行之有效的防护林建设策略。

1. 干热河谷地区。干热河谷是指具有高温度、低湿度的河谷地

带。云南省干热河谷约有1100千米长，总面积达4万多平方千米。干热河谷地区由于气温高、气候干燥、土壤贫瘠以及强烈的人类活动干扰，长期以来，一直被认为是世界上生态环境最恶劣的区域之一，也是造林最为困难的地区之一。如何通过防护林建设有效促进干热河谷地区的植被恢复是林业工程中的重大难点。经过长期的实践和探索，云南省干热河谷地区防护林建设取得了重要的发展，尤其是在金沙江干热河谷造林获得了丰富的经验。

2. 石漠化地区。石漠化是荒漠化的一种特殊形式，是指在热带、亚热带湿润、半湿润气候条件和岩溶极其发育的自然背景下，受人为活动干扰，使地表植被遭受破坏，导致土壤严重流失，土地生产力衰退或丧失，基岩大面积裸露或砾石堆积的土地退化现象。云南省是我国岩溶分布最广的省份之一，岩溶面积为11.22万平方千米，居全国第二位，占全省总面积的28.1%，全省129个县（市、区）中，有121个不同程度存在岩溶分布。石漠化地区由于少土、跑水、缺肥，防护林造林十分困难且造林质量很难保证。目前云南省石漠化地区造林主要遵循以下原则：一是造林成林后尽量减少人为干扰，在具备条件的地区要实施封山育林育草管护，严禁人畜活动。二是宜林地与陡坡地积极推广乔、灌、草结合，针阔混交、立体结构的防护林混交模式，以车桑子、葛藤、苦刺、云南松、麻栎、冲天柏等乡土树种为主。对地势相对平缓、水源能保障的石漠化地区，可以适当考虑经济效益，采用林药结合模式，在生态林或者经济林下种植金银花、盐肤木、前胡、独活、草乌、黄精、百合、当归、龙须草等中药材。

3. 城市面山造林模式。城市面山由于紧邻城市人口的集聚区，人类各种生产消费活动对于城市面山植被的破坏通常比较严重。随着云南省城市发展进入新的阶段，绿色城市化、生态城市化内涵被逐渐认可，城市面山也成为造林的主要区域。城市面山除了发挥持水保土等生态功能外，作为城市周边的生态景观形象，还反映着一个城市的文化底蕴、城市品位和城市形象。因此云南省在城市面山的造林和植被恢复中，将建设区植被恢复、生态治理和景观建设有机结合起来，加强面山绿化美化，增加森林面积，提高林分质量，扩大森林资源总量，同时推进城市的绿化、美化，形成美观整齐、层次多样、结构合理、功能完备的城市绿色屏障。

（三）建设经验

云南省在防护林建设中取得了如下几个经验：一是充分利用各级政府制定的生态补偿政策和资金进行防护林建设。云南省按照国家、省级、州县级三级公益林划分，实行分类、分级的差别化补偿，完善生态补偿制度，逐渐提高了省级财政对生态补偿的力度，逐步推动州（市）、县（市、区）政府对州县级公益林的生态补偿。截至"十二五"末期，云南省公益林补偿面积扩大到13207万亩，补偿资金增加到每年17.9亿元，公益林生态补偿对于防护林建设和管护起到了积极的推动作用。二是依托国家整体林业建设政策、项目以及地方其他生态建设项目推进云南防护林建设。天然林保护、退耕还林、长江流域防护林建设工程、珠江流域防护林建设工程等全国性的林业政策、项目以及小流域治理、农村环境综合整治、美丽乡村建设等其他生态建设项目都涉及防护林建设，云南省在防护林建设中注意整合各种项目、资金，统筹安排，有效推进防护林建设。三是防护林建设注意与当地农业生产生活相结合，构建与农村社会经济协调的建设思路，把防护林与经果林、薪柴林等结合起来，以套种、间种、混交的模式，在保证生态效益的前提下增加群众的经济收入，提高群众对防护林建设的参与热情和程度。四是高度重视防护林工程建设管理，以国家政策和规程为指导，结合实际建立了行之有效的工程建设管理制度，先后制定出台了《云南省防护林工程建设管理办法》《云南省防护林工程作业设计方法》《云南省造林绿化监理暂行办法》《云南省重点防护林工程中央预算内投资专项管理办法（试行）》等一系列规程和办法，明确了项目申报与审批、工程管理、质量监控、检查验收等规定，确保了防护林工程建设的质量。

四、大力推进森林城市建设

党中央、国务院高度重视森林城市的建设与发展。在《中国可持续发展的林业战略》中明确把森林城市建设作为一项重要战略目标，提出到 21 世纪中叶，建立功能完备的城市森林生态体系，城市生态趋于良性循环，实现"空气清新、环境优美、生态良好、人居和谐"的战略目标。习近平总书记也提出，城镇化要"依托现有山水脉络等独特风光，让城市融入大自然，让居民望得见山、看得见水、记得住乡愁"，城镇建设要体现尊重自然、顺应自然、天人合一的理念。

随着云南省城市化的持续推进，城市空气污染、水污染、垃圾污染等问题日益严重，极大地降低了城市的生态环境质量，同时，随着收入的增加，城市居民对于良好生态环境的需求也逐渐增大，使得城市公共生态服务供给显得日益不足。建设森林城市也成为云南省建设生态文明、构筑城镇生态保护屏障、促进绿色发展的重要载体。

（一）云南省森林城市建设的整体部署

党的十八大以来，云南省积极响应国家森林城市创建活动，把森林城市建设作为林业建设中的重要内容。云南省制定并通过了《云南省森林城市评价指标》《云南省森林县城评价指标》《云南省森林城镇评价指标》，把森林城市的评价指标分为森林网络、森林健康、林业经济、生态文化、森林管理五大类，并根据森林城市、森林县城、森林城镇3个层次制定了37项具体的指标和评价标准，同时制定了申报和评审的程序和要求，标志着云南省森林城市建设进入一个加速阶段。经过几年的努力，云南省森林城市建设已经取得了显著的成效，目前，云南省已有昆明市、普洱市获"国家森林城市"称号，临沧市正等待授予称号；曲靖市、弥勒市、景洪市及腾冲市国家森林城市总体规划正等待国家评审。全省已有1个"云南省森林县城"——凤庆县，麒麟区、马龙县与双柏县森林城市、森林县城建设总体规划已通过省级专家评审。

（二）大力推进重点区域森林城市建设

云南省森林城市建设最先在昆明市开始试点，试点及推广进展较快，目前已经有2个城市获得"国家森林城市"的称号，4个城市进入"国家森林城市"的创建活动中，这得益于：一是云南省森林类型和植物种类十分丰富，为森林城市建设提供了良好的自然基础。云南是全国植物种类最多的省份，被誉为"植物王国"。热带、亚热带、温带、寒温带等植物类型都有分布，古老的、衍生的、外来的植物种类和类群很多。在全国3万种高等植物中，云南占60%以上，列入国家一、二、三级重点保护和发展的树种有150多种。云南树种繁多，类型多样，优良、速生、珍贵树种多，药用植物、香料植物、观赏植物等品种在全省范围内均有分布。二是社会各界对森林城市建设高度重视。生态优势就是云南的发展优势的理念被各级政府和社会各界广泛接受，重视林业建设对于提升城市品位、改善城镇人居环境具有重要作用，森林城市建设被作为城镇品质提升工程、民生工程来重点打造。全省 16 个州（市）和部分县（市、区）都制订了森林城市建设规划和方案来指导森林城市的建设。三是明确了森林城市的建设内容。云南省确定了市、县、镇森林城市建设的关键约束性指标，使得不同层级的区域在森林城市的建设中有据可依。

第三节　"推进农村生态环境综合治理，把农村建设成为广大农民安居乐业的美好家园"

习近平总书记到云南考察时指出："生态环境保护，不能丢了农村这一块。要以美丽乡村、特色村寨建设为抓手，推进农村生态环境综合治理，把农村建设成广大农民安居乐业的美好家园。""新农村建设一定要走符合农村的建设路子，农村要留得住绿水青山，系得住乡愁。"习近平总书记考察云南的重要讲话，既为云南指明了方向、明确了定位，也是云南推进农村生态环境综合治理，建设农民安居乐业美好家园当前和今后一个时期工作的行动指南。

针对农村生态环境综合治理，云南省积极制定与实施《云南省农村环境保护规划》《云南省进一步提升城乡人居环境五年行动计划（2016—2020 年）》《云南省农村环境综合整治规划》《云南省农村能源建设管理办法》以及《云南省农村人居环境治理实施方案》等，明确了农村环境整治任务和目标。在此基础上，重点治理农村饮用水水源地污染、生活污水和垃圾污染、畜禽养殖污染，并积极推动农村能源结构调整，让农民群众得到实惠，从而把农村建设成为广大农民安居乐业的美好家园。

一、农村能源建设

（一）积极推进农村新能源建设

1. 农村传统能源使用带来巨大的生态压力。传统农村能源的消耗，已给云南省生态环境造成巨大压力。从历史上看，农村，包括部分县城居民，长期使用薪柴作为生活燃料，近年来由于森林资源的限制，许多地区转而大量烧用秸秆甚至荒草、牛粪，从而加剧了水土流失及荒漠化程度，同时农村能源危机还是贫困山区生态失衡的主要原因。

云南省特殊而复杂的地理条件和少数民族多的特点决定了云南农村能源结构的多样化，由于资源的不均衡形成很大的地方差异，滇中以电、液化气、煤、柴油、薪柴为主；在滇东、滇东北以煤、沼气、电、柴油、薪柴为主；在滇南以薪柴、煤、柴油、电、沼气为主；在滇西北以薪柴、煤、电、地热等为主。

据统计资料，云南省农村一年直接消费的各种能源有 4.83×10^{14} 千焦，占全省总能耗的 49%，其中薪柴消费约 2300 万立方米，折合 3.08×10^{14} 千焦，占农村总能耗的 63.7%。农村能源消费中，农村生活用能总量为 4.0×10^{14} 千焦，占农村总能耗的 83.4%，其中薪柴 2100 万立方米，折合 2.81×10^{14} 千焦，占农村薪柴总消费量的 91.3%。薪柴占全省森林资源总消耗量的 57.22%。大量的森林资源在低价值地利用消耗，成为地区经济发展的瓶颈。同时，不合理的能源利用方式也带来了严重的生态环境问题。当前，云南省农村城镇化进程稳步推进，对新能源的需求不断增加。因此，农村新能源建设不仅对改善农村能源结构具有积极的促进意义，同时对改善生态环境、守住绿水青山具有十分重要的作用。

2. 积极推进农村新能源建设。推进农村能源建设对增加农村地区能源供应，缓解能源供需紧张的矛盾，改善农民生产生活条件，减少农村地区环境污染，解决"三农"问题，促进农村经济社会、环境可持续发展等方面都具有重大意义。"十二五"期间，云南省新建农村户用沼气池 50 万户，保有量达到 306.71 万户，位居全国前列；推广太阳能热水器 50 万台，保有量达 102.98 万台；推广高效省柴节煤炉灶 65 万户，保有量达到 611.26 万户。超额完成了云南省农村能源建设"十二五"期间的建设目标任务，减轻了农村居民对薪柴的依赖，有效降低了森林资源低价值消耗，保护了森林资源，为"森林云南"和生态文明建设作出了积极的贡献。

目前，全省 16 个州（市）129 个县（市、区）都建立了农村能源管理机构，为云南省的农村能源推广、建设打下了坚实基础。在国家和省委、省政府的高度重视和关心下，近年来，云南省农村能源建设投入大幅度增加，农村能源建设快速发展。2015 年至 2016 年，省林业厅投入农村能源建设的扶贫资金达 4.42 亿元，共安装农村太阳能热水器 36.47 万台、推广省柴节煤炉灶 24.54 万户。同时，云南省创新思路，开展沼气综合利用示范，引导发展"养殖—沼气—种植"三位一体生态循环模式，让沼气上联养殖业，下联种植业，生产绿色食品，开辟增加农民收入的新渠道。在石林、易门、宁洱、个旧、永胜、香格里拉、凤庆等 11 个县（市、区）建成一批绿色能源低碳示范村和沼气综合利用示范项目。目前，全省已经形成了农村户用沼气、农村沼气服务网点、大中型沼气工程、养殖小区（联户）沼气工程并重发展的格局。

云南省大力发展农村户用沼气，积极开展农村节柴改灶，推广太阳能等农村新能源的使用，不断优化农村能源结构，实现多能互补，使各种优质、高效、洁净能源逐步进入农村千家万户，促进人与环境协调发展。"十二五"期间，云南省农村能源建设结合各地实际，积极拓展发展模式，抓好典型示范，开展了 5 个绿色能源低碳示范项目建设。6 个村获得了"森林云南"建设农村能源省级示范基地荣誉称号。同时加强国际合作，引进香港恒生银行资金，共同打造农村沼气精品示范村。在全省不同区域组织实施了 5 个示范点，得到了项目区广大群众的热烈欢迎和普遍好评。农村新能源的积极推广和使用，减少了农村能源对森林资源的依赖，促进了农村能源的优化，有助于节能减排、减少农村环境污染、促进农村生态环境的良性循环，使农村脆弱的生态环境得到改善，如临沧市云县，沼气池一村连一村、一户连一户，3 年时间建成沼气池 3 万户，使全县 40% 以上的山区群众用上了优质清洁的新能源。

（二）农村新能源建设卓有成效

云南省农村新能源建设，不仅减少了森林资源消耗，为实现云南林业可持续发展，建设生物多样性宝库和西南生态安全屏障提供了有力支撑，还带动了农村改厨、改厕、改厩，实现了农村庭院美化、厨房亮化、厩厕净化，降低了农村群众劳动强度，改善了农村人居环境，提高了农民群众生活质量，为云南边疆社会主义新农村建设作出了巨大贡献。同时，农村新能源建设工程的实施，还在节能减排、农村环境保护、生态农业发展及农村精准扶贫等方面发挥了重要作用。

节能减排成效卓著。农村新能源的推广使用成为我国生物减排的重要组成部分。在全球气候变化、国际节能减排形势逼人的大背景下,森林碳汇和沼气减排是生物减排的重要组成部分,在生物减排中占据重要地位,受到国际社会的广泛重视。农村新能源的建设和有效使用,每年可节约标煤 465.59 万吨、减排二氧化碳 931.18 万吨。

推动了生态农业发展及森林资源的保护,生态效益显著。清洁能源的使用,还促进了节能增收和农业生态经济的发展。如一口 8 立方米沼气池正常投入使用后,每年可节约电费或煤炭开支 800 元以上;一户节能灶年节约薪柴约 1 吨,价值 200 元(当地市场价)。以沼气池为纽带,发展的"猪—沼—果""猪—沼—粮""猪—沼—菜"生态经济模式,实现了畜牧资源的无害化利用,推动了云南高原生态农业的发展,为生产优质特色农产品奠定了生态和技术基础。目前,全省 611.26 万农户使用省柴节煤炉灶,每年节约薪柴 611.26 万吨,306.71 万户沼气池每年替代的薪柴相当于 25.29 万亩林地的年生长量。

初步改变了农村新能源结构和人居环境,社会效益明显。通过农村新能源建设,带动了农村改厨、改厕、改厩,实现了农村庭院美化、厨房亮化、厩厕净化,将农户从烟熏火燎的生活起居中解放出来,降低了农村群众劳动强度,改善了人居环境,提高了生活质量,促进了退耕还林成果的巩固和城乡环境综合整治。

新能源建设助推精准扶贫,综合效益显著。农村能源建设带给贫困山区困难群众的变迁故事细微而生动,而它产生的综合效益,更让我们看到了"贫困村"变身为"小康村"。走进贫困山区,就能看到农村新能源建设给贫困山区、贫困农户带来的变迁,曾经脏乱的山村旧貌换新颜。散布千家万户的农村新能源工程虽然很小,但产生的综合效益、对精准脱贫的贡献不可小觑。2015年至2016年，云南省共安装农村太阳能36.47万台，推广省柴节煤炉灶24.54万户，形成了年节约标煤34.83万吨的能力。这些项目的建设和使用，每年可节约薪柴50.84万立方米，为"森林云南"建设作出了贡献。同时，沼气建设上联养殖业、下接种植业、辐射农产品加工业，沼渣、沼液的综合利用，延长了农业产业链，提高了贫困农户增收致富的能力。农村新能源的推广使用不仅实现了节能减排，还实现了社会效益、生态效益及经济效益的统一增长和提高。

近年来，云南省围绕"争当全国生态文明建设排头兵"的发展目标，全面加强生态环境保护，积极实施太阳能、沼气、节能灶等农村新能源项目，切实改善了群众生活条件，提高了群众的生活品质。"十二五"期间，农村新能源建设结合各地实际，积极拓展发展模式，抓好典型示范，部分地区成效显著。

二、农村环境综合治理

（一）推进农村环境连片整治工作

1. 专项资金大力支持推进试点示范工程。"十二五"期间，云南省共获得中央资金（含中央农村环境保护资金和农村节能减排资金，下同）71843万元，投入省级环境保护专项资金12193万元，共实施了736个村庄的环境综合整治试点示范，其中中央资金项目605个村（含中国传统村落259个村）。一批突出的农村环境问题得到有效解决，生活垃圾热解气化等一批适用的成熟技术逐步推广，整治方式开始向整县推进试点转变。

2. 农村环境质量及村容村貌大幅提升。通过开展农村环境综合整治试点示范，一些严重影响群众生产生活的突出环境问题得到了初步解决，一批村庄的环境状况和村容村貌发生了很大变化，群众生产生活的环境质量得到了明显改善，很多地区通过整治，改变农村的"脏乱差"面貌，实施"三清洁"整治行动，基本形成了"户清扫、组保洁、村收集、乡清运、县处理"五级联动的城乡垃圾处理长效机制及村庄保洁工作机制。各族群众普遍感到农村环境综合整治是一项实实在在的惠民工程、民心工程和暖心工程。涌现出了芒市南见村、景洪曼嘎俭村、施甸县小马桥村等一批环境优美、民族团结和睦、群众安居乐业的民族村寨，与各部门统筹协调，共同建设了一批秀美之村、富裕之村、魅力之村、幸福之村和活力之村。

3. 有力提升农村生态文明水平。各地借助农村环境综合整治，不断改善农村人居环境，连片整治与生态创建互为促进。目前，全省累计建成国家级生态示范区 10 个、国家级生态乡镇 85 个、国家级生态村 3 个、省级生态文明县 21 个、省级生态文明乡镇 615 个。通过农村环境综合整治试点示范，各级各部门不断加强环境教育和培训，提升基层干部、村民的环保意识和环境管理水平，农村生态文明水平得到较大提高。

4. 结合精准扶贫开展农村环境整治。积极开展精准扶贫农村环境整治，以精准扶贫、精准脱贫为原则，围绕环境保护部门的职能，聚焦边境地区、民族地区、革命地区、集中连片贫困地区，结合农村环境综合整治、农业面源污染防治、饮用水源地保护、重要生态功能区保护等开展云南省重点贫困地区"一水两污"、生态文明村镇创建、土壤污染治理、小流域水土流失治理等生态扶贫工程。"十二五"期间，云南省争取国家农村环境综合整治试点项目资金7643 万元，加大对革命老区、少数民族地区倾斜支持力度，投入资金2340万元安排78个精准脱贫村开展环境综合整治，安排950万元支持95个贫困村规模化畜禽养殖污染减排项目。

5.强化环保技术支撑。在环境整治中，积极组织开展了农村污水、垃圾等系列农村环保实用技术试点示范，总结完善了较为适合云南典型农村的氧化塘系统、人工湿地、土壤渗滤、生态沟、一体化装置、微动力生态滤池等一大批村落污水处理技术，以及生活垃圾热解处理等就地减量化处理技术。各地充分发动群众，积极探索，形成了定时到户收运、定点投放清运、压缩中转清运等清运模式，以及村民付费、门前三包、划定党员责任区、建立村庄环保委、建立运营管理公司等运管模式。

（二）保障农村饮用水安全

云南省"十二五"农村饮水安全工程累计投入71.7亿元，全省建成山区"五小水利"工程240万件，累计解决1369.51万农村人口和农村学校师生饮水安全，是"十二五"规划数的101.4%。以泸西县为例，"十二五"期间全县共完成投资1.495亿元，建成水利工程7081件，解决19万余群众及8万头大牲畜的饮水困难。全省通过农村环境综合整治划定饮用水水源地57个，修建隔离防护设施约12.7千米，设置饮用水水源保护区标志210余个。

云南省各地加强技术人员培训，配套完善净化消毒设施并强化日常管护，优化完善水质监测方案，进行区域水质检测中心建设。"十二五"期间，我省基本建成127个县级区域水质检测中心，对加强农村饮用水质检测与提高水质合格率提供了有力的技术支持。

（三）深化农业面源污染防治

云南省通过采取深化基础工作支撑、强化"整建制"推进、狠抓"配方肥"下地、强化"示范片"到村、改进施肥方式方法等措施，九湖流域农业面源污染治理取得较好的成效。通过沼气工程建设、粪污处理池建设、排污管道建设、厩舍改造等措施，畜禽粪便资源化利用不断提高，为推进村容村貌得到有效整治创造了条件。全省"十二五"期间建成畜禽养殖污染防治设施2622套，年实现农村畜禽粪便、污水综合利用和处理量24.89万吨，有效控制了农村水环境污染。

（四）建立健全农村环境保护体制机制

1.组织制订了农村环境保护的系列规划。一是编制了《云南省农村环境保护规划》《云南省农村环境综合整治规划》和《云南省九大高原湖泊沿湖村落环境综合整治工作方案》，逐年编制《全省农村环境综合整治实施方案》，明确环境整治任务和目标。二是拟定了有关农村环境保护的一批文件。下发了《关于开展农村环境综合整治实施方案编制工作的通知》《关于做好农村环境综合整治项目实施有关工作的通知》《关于进一步做好农村环境综合整治项目实施的通知》等文件，明确了农村环境综合整治工作的思路、原则、制度、内容和实施要求。三是两次召开农村环境综合整治现场推进会。分别在洱源县、景洪市召开了现场推进会，进一步明确了农村环境保护工作思路，安排部署深化"以奖促治"，推进连片整治示范，开展技术和经验交流，推动农村环境保护工作进入新阶段。

率先在九湖流域完成了沿湖495个村庄的环境综合整治，有效减少了入湖污染物，改善了湖泊水环境质量。"十二五"以来，全省农村环境整治实现了从单一村庄整治向连片整治转变，从重点村整治向特色村庄和辐射带动效应明显的连片村庄整治转变。集中连片力度不断加大，逐步开展了集中连片整治整乡（镇）推进、整县

（市、区）推进试点。

2.规范管理，狠抓项目实施推进。一是强化项目前期工作。下发了《关于加强农村环境综合整治项目前期工作的通知》，拟定了《云南省农村环境综合整治项目申报材料编制指南》等，完善了项目库建设，扎实的前期工作为全省持续扩大农村环境整治奠定了坚实的项目储备基础。二是严格项目管理。云南省环保厅会同财政部门制定了《云南省农村环境综合整治项目管理实施细则（试行）》，完善项目全过程监管，明确各级职责，突出强化县级主体责任，突出强化项目运行监督管理体制机制建立完善，突出强化公众参与。严格实行项目报备制、法人制、公示制、目标责任制、招投标制、监理制、县级财政报账制和公众参与制。基本形成了"省统筹、州（市）协调、县（市、区）负责、乡（镇）实施，环保和财政部门指导监督"的分级负责推进机制。三是狠抓项目实施推进。为保证工程顺利实施，乡镇、村组负责协调，各级环保部门不断加强对实施项目的指导和监督检查，确保施工进度；县级财政、环保部门加快资金拨付，严格资金拨付工作的审核和管理；实行项目环境监理制，确保治理设施达到目标成效；建立季报制度，适时掌握全省项目进展情况；严格项目变更管理，确需变更的，严格按程序报批。

根据环保部对农村环境综合整治工作的要求，云南省坚持试点示范，不搞全面铺摊子。一是突出特色，辐射周边。按照"愿者优先、能者优先"的原则，注重选取基础条件较好、村"两委"战斗力强、地方政府重视，且项目前期工作扎实、落实资金配套的村庄先行试点。近年来在三峡库区上游、九湖流域等水污染防治重点区，瑞丽"一寨两国"、哈尼梯田保护区，移民搬迁村庄，以及沧源"佤山幸福工程"、红河"美丽家园行动"等试点示范，都取得明显的示范效应。二是因地制宜，分类指导。采取土洋结合、集中与分散相结合，优先解决人口集中、规模较大村庄的生活污水，建立污水集中处理设施或纳入城市污水收集管网。对居住分散、条件差的村庄，采取分散式、低成本、易管理的污水处理方式和就地"减量化、资源化、无害化"的垃圾收集处置模式。三是坚持"点线面"带动作用。在九湖流域及水污染防治重点区、少数民族聚居区、统筹城乡示范区开展集中连片治理、建设相结合，做到"抓点、带线、促面"。在新农村建设示范点、国家农村环保试点县、重要通道沿边沿线，先后整治了一批具有地方特色的村庄，发挥集中污染治理设施示范作用，发挥规模效应，改善区域环境质量。

三、开展农村人居环境综合治理

（一）规划引领，整体推进

1. 高位推进。省委、省政府历来高度重视城乡人居环境提升工作，坚持把"走云南特色城镇化道路，建设生态宜居幸福家园"作为全省经济社会发展的大事要事来抓。各级各部门认真贯彻落实《云南省人民政府关于开展城乡人居环境提升行动的意见》，严格按照干净、整洁、靓丽、优美的要求，有序推进昆明城市影响力提升、区域中心城市功能优化、中小城市面貌改善、乡镇环境治理、村庄环境美化、国门形象提升、保障性安居工程攻坚、文化传承和居民文明素质提升等八大行动，全省城乡人居环境得到较大改善。

云南省围绕努力成为全国生态文明建设排头兵的决策部署，于 2016 年启动了新一轮城乡人居环境提升行动，召开云南省城市工作暨城乡人居环境提升行动推进会议，制定《云南省进一步提升城乡人居环境五年行动计划（2016—2020 年）》，将乡村规划编制及实施等各项工作纳入全省城乡人居环境行动计划。组织召开2017 年云南省城乡规划工作暨改革研讨会，提高各级党委、政府对城乡规划的重视程度，明确 2017 年度村镇规划工作开展计划、目标和任务，高位强力推动。同时，省委、省政府多次召开村庄规划实施、"两违"建筑治理等工作现场会，总结地方村庄规划编制及实施的优秀经验，进行示范推广。

2. 全面推进人居环境提升工程。按照《中共云南省委办公厅　云南省人民政府办公厅关于印发〈云南省进一步提升城乡人居环境五年行动计划（2016—2020 年）〉的通知》和《云南省人民政府办公厅关于印发云南省城乡违法违规建筑治理行动等 3 个方案的通知》的要求，为了切实做好农村生活垃圾污水治理和公厕建设、乡镇自来水供水设施建设任务，省住房和城乡建设厅会同省级有关部门，组织编制了《云南省农村人居环境治理实施方案（2016—2020年）》。该实施方案将全面推进以生活垃圾治理、污水治理、公厕建设、乡镇自来水供水设施建设等 4 个方面为主的人居环境提升工程，对推进农村人居环境综合治理有着至关重要的作用。

3. 全面推进特色小镇、传统村落等相关工作。编制印发《云南省特色小镇规划设计导则》；建立特色小镇建设项目库，并上报住房城乡建设部；完成了《云南省农村燃气工程"十三五"专项规划》《云南省开展传统村落燃气工程实施方案》，并拟定了《云南省农村燃气工程四年行动计划（2017—2020 年）》；编制了《传统村落认定管理办法》，印发各地执行；开展传统村落数字博物馆建馆工作，20 个村落被列入建馆村落名单。

云南省城乡规划局积极探索适合本土的乡村规划编制技术体

系，于 2016 年底组织编制了《云南省县（市）域乡村建设规划编制导则与审查要点》《云南省新型农村社区规划纲要研究》《特色小镇、传统村落体系规划研究》《云南省民居建筑特色设计导则》，并修编了《云南省省级规划建设示范村规划编制技术要求（试行）》《云南省易地扶贫搬迁新村规划编制技术要求》等。

4.分类分级抓特色，以示范促带动。按照住房城乡建设部"到 2020 年，实现农房建设都有规划管理，行政村有基本的村寨整治安排，具备条件的编制更全面的村庄规划"和《中共云南省委 云南省人民政府关于印发〈云南省美丽宜居乡村建设行动计划（2016—2020 年）〉的通知》的部署及要求，结合云南省村庄现状及村民发展需求，将村庄规划建设标准分为基本要求型、普通型和示范型 3 种，拟开展以下工作：一是自 2015 年起连续 5 年每年实施 500 个云南省级农危改示范村。二是自 2016 年起连续 3 年每年实施 1000 个以上省级易地扶贫搬迁集中安置新村示范村。三是为维护国门形象和改善边民生产生活现状，结合云南省沿边三年行动计划工作要求，2016 年至 2018 年实施 3800 余个沿边村寨规划。

云南省以打造"新房、新村、新景、新产业、新生活、新发展"的美丽宜居乡村为目标，在"十二五"期间村庄规划全覆盖的基础上，计划至 2020 年重点开展"万村示范"工作，从而以点带面，以示范促带动，以期全面推动云南省村庄规划建设上新台阶。

（二）落实资金，重点保障

1.专项资金筹措保障。按照省委、省政府与国家开发银行达成的农村危房改造贷款模式以及加大对云南金融信贷支持框架协议的内容要求，省住建厅积极牵头对接省财政厅、国开行省分行、省城乡投公司，研究缺口任务及资金筹措方案，并在省政府办公厅指导下，进一步修改完善筹措方案。研究推广支农再贷款支持农户开展危房改造机制，入户调查 65.61 万户，向 27.24 万户实施危房改造农户发放 127.01 亿元农村信用社支农再贷款，其中，针对 2016 年 50 万户任务，入户调查 23.51 万户，发放 14.75 万户合计 71.01 亿元专项贷款。

省住建厅会同省财政厅及时下达 2017 年度的 3.8 亿元省级财政补助资金，并积极协调农发行省分行尽快完成 2017 年度的省级专项贷款的审批工作。同时积极研究采用"由省级向农发行统贷 100 亿元"模式，其中 50 亿元由省统还、50 亿元由州（市）或县（市、区）分还，以加大各级政府资本金投入力度，促进提升农村人居环境综合治理项目建设。

2. 注重跟踪落实实施。农村人居环境治理设施要与经济社会发展水平相协调，与乡镇总体规划相衔接，与环境改善要求相适应，合理确定建设规模和布局。突破行政区划限制，强化乡镇与周边城市、集镇和中心村发展的协调性，增强区域城镇体系功能的互补性。避免重复建设，增强规模效应，便于设施建设运行管理。

2017 年 5 月印发了《云南省住房和城乡建设厅关于开展 2017 年乡村规划中期编制工作情况调查的通知》，全面跟踪各项工作推进情况，督促各地落实工作任务目标。

（三）制度保障，建立长效机制

1. 明确职责和建立工作制度。相继下发了《关于印发云南省提升城乡人居环境行动领导小组及办公室工作职责工作制度工作重点及工作计划的通知》等 3 个通知，明确了省人居办工作职责和领导小组各成员单位工作分工，并完善了省人居办下设的具体工作机构，配备了专职人员和办公场所。建立了 9 项工作制度，具体包括：月报通报（州市），季报（省级牵头部门），单月一次省级部门联席会议，双月一次全省督查，每个季度一次现场会，每2—3个月对项目建设进度滞后的地方进行一次约谈，对工作推进不力和整改不到位的进行问责，加大宣传和开展业务培训。

2. 督促各地认真贯彻落实。全力督促全省各州（市）、县（市、区）建立完善领导机构，召开工作启动会，认真做好贯彻落实工作。目前，全省各州（市）均成立了由地方党委、政府主要领导任组长的领导机构及办公室，明确了工作任务，落实了工作职责，并及时召开提升城乡人居环境工作专题会，制订了行动计划。

3. 强化全省村镇规划执行监管。一是指导加快推进建制村村庄规划建设专管员全覆盖。进一步要求各地加快推进村庄土地规划建设专管员建制村全覆盖工作，同时向有条件的自然村推广。截至2017年5月底，全省共聘请村庄土地规划建设专管员28348人，10850个行政村已设置村庄土地规划建设专管员，行政村覆盖率达81.58%。二是大力推动村镇"两违"建筑治理。要求各地于4月底前完成强化乡（镇）及重点区域村庄"两违"建筑摸底普查工作，制定完善县级、乡（镇）级工作方案和年度工作计划，加快推进村镇"两违"建筑治理，截至2017年5月底，全省集镇规划区（非城关镇）及重点区域村庄（坝区、主要交通干道沿线、旅游景区景点周边、集镇周边、城郊接合部的村庄）违法违规建设普查建筑面积1075.05万平方米，累计查处建筑面积468.57万平方米，累计查处进度43.59%。三是督促指导建立健全农村建房规划许可制度。结合村庄土地规划建设专管员制度，逐步推进农村建房规划许可。

（四）美丽乡村建设见成效

1. 农村人居环境不断提升。2016年5月以来，云南省按照"建成新村寨、发展新产业、过上新生活、形成新环境、实现新发展"的美丽宜居乡村建设行动计划要求，在全省农村开展"七改三清"环境整治行动，通过配套完善村庄供水、垃圾和污水处理、公厕、村内道路、绿化亮化、文化体育等公共基础服务设施，开展农村私搭乱建行为专项整治，治理农业面源污染，实施"改路、改房、改水、改电、改圈、改厕、改灶"综合行动，实行人畜分离、厨卫入户、清洁水源、清洁田园、清洁家园，切实改善农村人居环境。

随着各项工作有序推进，截至 2017 年 6 月底，全省 977 个乡（镇）和 461 个乡（镇）进行了生活垃圾和生活污水治理，设施覆盖率分别为 80.88% 和 38.16%；70852 个自然村实现垃圾有效治理，有效治理率为 51.63%；885 个乡（镇）分别实现自来水设施供水，设施覆盖率为 73.26%；945 个乡（镇）建成 2 座以上公厕，9240 个建制村建成 1 座以上公厕，覆盖率分别为 78.23% 和 68.97%。积极推广大理市村庄网格化管理经验，共聘请村庄土地规划建设专管员 28348 人。楚雄州目前已实现全州行政村及自然村专管员制度全覆盖。全省农村人居环境不断得到提升和改善。

全省建成省级园林城镇 2 个，国家级美丽宜居村庄、宜居小镇和绿色村庄分别为 20 个、7 个和 633 个。

2. 传统村落保护与发展工作顺利进行。云南省积极开展国家级传统村落的申报。目前，全省共计有 615 个村落被列入中国传统村落名录，占全国国家级传统村落总数的 14.81%，数量位居全国首位，其中 501 个传统村落已获得中央财政补助资金 13.215 亿元；同时，在国家组织的传统民居调查工作中，云南省总共推荐上报了 24 类 46 子类的传统民居建筑，是全国传统民居类型较为丰富的省份。结合传统村落保护与发展工作的开展，云南省进行了村镇古树名木和古建筑普查工作，已组织完成全省村镇 20709 株古树名木和 3340 处古建筑的登记、信息录入和保护工作，同时结合省级村寨规划建设示范村、农村人居环境改善等工作全力推进传统村落保护与发展。

另外，结合云南省实际，按照《住房城乡建设部关于推荐田园建筑优秀实例的通知》要求，组织全省开展田园建筑优秀实例推荐评选工作，推荐上报 10 项优秀田园建筑。其中，云南省红河哈尼族彝族自治州元阳县新街镇爱春村元阳阿者科哈尼族蘑菇房保护性改造获一等奖，云南省红河哈尼族彝族自治州弥勒县西三镇可邑村彝族民居改造获二等奖，云南省玉溪市澄江县龙街镇万海村、许家村滇中"环抚仙湖"乡村民居（第一类）田园化回归改造获三等奖。

3. 特色小镇培育和美丽宜居村镇建设工作顺利进行。按照《住房城乡建设部 国家发展改革委 财政部关于开展特色小镇培育工作的通知》要求，2016 年云南省共申报 12 个小镇作为国家级特色小镇候选小镇，其中，大理州大理市喜洲镇、红河州建水县西庄镇和德宏州瑞丽市畹町镇三镇入选 2016 年国家级特色小镇培育名录（全国数量为 127 个）。开展了特色小城镇贷款项目库建立工作。按照《住房城乡建设部办公厅关于开展 2016 年美丽宜居小镇、美丽宜居村庄示范工作的通知》要求，组织开展了 2016 年美丽宜居小镇、美丽宜居村庄申报工作，各地共推荐上报 95 个美丽宜居小镇、282 个美丽宜居村庄，经省级专家审查，推荐大理州洱源县凤羽镇、红河州建水县西庄镇等 10 个小镇，德宏州陇川县勐约乡温泉村、保山市腾冲市固东镇江东社区等 30 个村庄上报住建部审定。

第四节　加强重点城市及工业区的 污染防控，提升区域生态文明建设水平

一、城市环境综合整治和环保模范城市创建

（一）城市环境综合整治与考核

城市环境综合整治定量考核，简称"城考"，是对城市环境状况进行具体考核的一项制度，是实施地方政府环保目标责任制的重要组成部分。多年的"城考"工作实践表明，该项制度在很大程度上促进了云南省各考核城市的环境质量、污染控制、环境建设和环境管理4个方面的提升。截至2016年底，全省已建成城镇污水处理厂155座，进入住房城乡建设部信息系统和环境保护在线监测系统的污水处理厂144座，设备调试1座，投入运行率99.3%，形成处理能力327.22万吨/日，实现了129个县（市、区）污水处理设施全覆盖的目标。累计建成配套管网9355千米。全省城镇污水处理率达到85.3%，再生水利用率达到26%，污泥无害化处置率达到60%。2016年城市（县级以上）生活污水处理总量10.91亿立方米。建成生活垃圾处理场128座（卫生填埋场113座、焚烧厂10座、低温碳化处理厂1座、综合利用处理厂4座），建成渗滤液处理设施62座，形成生活垃圾无害化处理能力19436吨/日，城镇生活垃圾无害化处理率达到85.3%。全省城市燃气普及率68.41%，城市建成区绿地率31.17%。

（二）国家环保模范城市创建取得初步成果

"创模"是"创建国家环境保护模范城市"的简称，标志着社会文明昌盛、经济健康快速发展、生态良性循环、资源综合利用、

环境质量良好、城市优美洁净、生活舒适便利、居民健康长寿。创
建国家环保模范城市以改善环境质量和促进经济发展为出发点，在
促进城市产业经济结构调整、优化城市功能布局、塑造良好城市形
象、提高城市品位、扩大对外开放、提高人民群众生活质量方面起
到了积极推动作用，是实施城市可持续发展战略的重要举措。云南
省开展创建国家环保模范城市的城市包括昆明市、玉溪市、丽江市、
景洪市及安宁市，各创建城市的创建工作均取得了初步的成果，整
体表现为提升了城市环境质量、城市基础设施建设、环境能力建设
等，从而提升了公众的环境满意度。

（三）深入、长效推进国家环保模范城市创建行动

景洪市、丽江市先后于 2016 年 6 月、2017 年 1 月通过了省级
预评估，景洪市于 2017 年 3 月通过了省级预评估复核。两座城市
均已由省环保厅向环保部进行了推荐。为进一步巩固"创模"已取
得的成果，争取早日实现命名，景洪市、丽江市均在 2017 年采取
了深入、长效推进国家环保模范城市创建的多项举措。两市积极对
省级预评估中提出的整改要求进行研究，制订整改实施方案，分
解整改任务，全面落实整改要求，进一步巩固"创模"成果。对
2016 年的档案进行进一步的收集、整理，对技术报告、工作报告
等进行进一步完善。将巩固和创建环保模范城市作为两市环境保护
长期工作来抓，将其作为提升两市环境保护工作的重要手段，全面
巩固"创模"成效。

二、打好蓝天保卫战

（一）推行大气污染防治计划

空气质量事关人民群众根本利益，事关经济持续健康发展，事

关全面建成小康社会，事关实现中华民族伟大复兴中国梦。云南全省上下统一思想，坚定信心，认识大气污染防治工作面临的形势，是打好蓝天保卫战的前提条件。各地各部门要把治理好大气污染作为改善民生的当务之急，作为转方式、调结构的关键举措，作为争当全国生态文明建设排头兵的重要抓手，结合云南实际，多管齐下、科学施策，坚决打好防治大气污染的攻坚战、持久战，消除人民群众"心肺之患"。

云南省结合化解过剩产能和节能减排，有序推进16个州（市）人民政府所在地城市建成区及周边严重影响城区环境空气质量的火电、建材、钢铁、化工、有色金属冶炼等重污染企业搬迁改造，合理确定云南重点产业的发展布局、结构和规模。综合运用经济、技术和行政手段，结合各州（市）产业发展实际和环境空气质量状况，落实工业淘汰落后产能的任务，同时提高污染、高耗能行业准入门槛，优化调整能源结构，加大清洁能源推广使用力度，进一步强化节能、环保指标约束，严控高污染、高耗能行业新增产能。

全面整治州（市）人民政府所在地的燃煤小锅炉，加快火电、水泥、钢铁、化工、有色金属冶炼等重点行业脱硫、脱硝及除尘改造工程建设。同时，优化州（市）的城市功能和布局规划，实施公交优先战略，合理控制机动车保有量，并积极推广新能源汽车和天然气汽车，利用大数据推广城市智能交通管理，有效缓解城市的交通拥堵问题。

制定并完善城区内的建设工地扬尘管理办法，明确城市相关部门职责，加强施工扬尘监管，积极推进绿色施工。城市建成区及周边地区工程建设施工现场设置围挡墙、施工围网、防风抑尘网等措施，并对施工现场道路进行地面硬化。同时对城区内的渣土运输车辆指定运输路线，并对进出建筑工地的施工车辆进行清洗。城市加大建成区内路面的及时洒水，大力推广道路机械化清扫作业。

（二）城市强制实施大气污染防治措施

2014年11月，昆明市人民政府下发《关于印发昆明市大气污染防治行动计划实施细则的通知》，进一步强化城市扬尘污染治理，严格落实工程建设工地扬尘管理"六个百分百"措施：施工现场100%标准化围蔽、工地砂土100%覆盖、工地路面100%硬化、拆除工程100%洒水压尘、出工地车辆100%冲洗干净、施工现场长期裸土100%覆盖或绿化。促进重点区域煤炭消费零增长，将对延期使用高污染燃料的企业进行定时督查，进一步加强企业的环保工作，完善各项环保规章制度，最大限度地减少锅炉废气污染物的排放，并确保企业按时完成高污染燃料的改燃改造或搬迁工作；全面加大机动车排气污染防治力度，淘汰老旧机动车，对达到国家强制报废标准的、已到使用年限的、排放不达标的机动车辆和黄标车，一律按期淘汰，继续推行高污染机动车限行管理措施，减少机动车排气污染。

多年来，昆明市积极构建全社会共同参与的大气污染防治格局，加快重污染天气监测预警应急体系建设，加强机动车尾气防治、城市扬尘污染控制，着力解决以可吸入颗粒物为重点的大气污染问题，把"蓝天工程"作为市民共享成果的民心工程。2014年至2016年，昆明市空气质量全年优良天数比例持续上升，分别达到96.99%、97.81%、98.91%；环境空气质量在全国74个城市排名分别为第9名、第8名、第9名，在省会排名分别为第4名、第4名、第3名，持续保持靠前，2016年昆明市是唯一内陆省会进入前10名的城市。

（三）保卫蓝天

"十二五"期间，全省州（市）政府所在地城市环境空气平均优良率达到 97.3%, 可吸入颗粒物平均浓度较 2010 年下降 14.1%。
203 个国家级重点减排项目完成率 100%, 3898 个省级重点减排项
目完成率超过 98.3%。2015 年全省二氧化硫排放量下降 17.06%,
氮氧化物排放量下降 13.54%, 圆满完成国家下达的主要污染物减
排任务。对 20 万千瓦以上燃煤机组全部实施烟气脱硫、脱硝改造,
对 90 平方米以上的钢铁烧结机、8 立方米以上的球团设备全部实
施烟气脱硫改造, 对 1000 吨 / 日以上的水泥生产线全部实施烟气
脱硝改造。完成 746 个村庄农村环境综合整治试点示范, 一批突出
的农村环境问题得到有效解决, 生活垃圾热解气化等一批适用的成
熟技术逐步推广, 整治方式开始向整县推进试点转变。

城市建设应当合理规划、循序渐进, 使其保持在城市空气可承
受范围, 在合理优化城建工程建设时序的同时, 严格推行文明施工、
绿色施工标准, 建立规范化、制度化的扬尘控制、管理和监测体系,
完善 "以施工单位为直接防治主体、以区县级政府为监管责任主体、
以市级部门为监督考核主体" 的扬尘防控责任制度。尽快规划选址
配建渣土弃置场, 实现全封闭的渣土运输。加快提升城市道路机械
化清扫程度, 提高道路冲洗、洒水和保洁频率。深入推进机动车尾
气污染防治。在全面执行 "欧Ⅳ" 标准的基础上, 实现清洁油品特
别是国四柴油供应的全覆盖。加快推进高污染老旧车辆的区域限行
和淘汰更新工作, 同步发展绿色交通工具和推广清洁燃料。适时推
行机动车科学管控制度, 切实降低机动车尾气排放, 鼓励市民更多
地使用公共交通工具和自行车。严控生活污染与农业污染, 切实加
强餐饮服务业油烟污染治理, 实施规模以上餐饮企业油烟净化设施
高效运行和在线监控。在工业开发区内, 完成全部燃煤锅炉的清洁
能源改造任务。在夏秋收种时期, 强化以区域联防联治手段管控秸

秆焚烧行为，推动回收利用和秸秆机械化还田示范区、示范镇建设。

狠抓工业污染防治，加快产业结构调整。继续强化钢铁、石化、建材、纺织等重点行业达标整治，着重抓好工业园区、工业集中区的挥发性有机物污染治理。科学制定准入、优化、调整及提升政策，鼓励工业企业通过技术、工艺更新改造，大力削减二氧化硫、氮氧化物、挥发性有机物、烟尘、粉尘等大气污染物排放总量。推广节能减排新技术，建立有效的激励约束和倒逼机制。鼓励研发、使用新能源，促进太阳能和生物质能等的发展利用。积极提升产业结构层次，加大绿色产业比重。将投入集中到具有发展潜力的高新技术产业、服务外包产业、文化旅游产业、文化创意产业、软件业上，逐步实现产业结构高级化、经济增量绿色化。同时，以生产技术高端化改造，带动产品结构高端化调整和产业链条高端化延伸，促进产业结构向技术高端、附加值高端和消费高端转变。全面实施产业布局调整。加快制定省内城市都市圈的产业布局规划，大力推进较大城市工业企业"退城进区"、开发园区产业优化升级。

2016 年全省环境空气质量总体保持优良，16 个州（市）政府所在城市平均优良天数比例达 98.3%，较 2015 年再提高 1 个百分点。2016 年云南全面超额完成减排任务，与 2015 年相比，化学需氧量排放量下降 3.62%，氨氮下降 3.08%，二氧化硫下降 0.54%，氮氧化物下降 0.51%。

三、合力推进绿色矿山建设

矿业作为云南省重要的支柱产业之一，"建设绿色矿山、发展绿色矿业"是践行习近平总书记"绿水青山就是金山银山"的重要思想、促进生态文明建设、落实新发展理念的重要举措，也是发展云南矿业支柱产业的必由之路。

（一）加快绿色矿山、绿色矿业的建设

绿色矿山是矿产资源开发利用与经济社会环境相和谐的矿山，实现了矿产资源利用集约化、开采方式科学化、生产工艺环保化、企业管理规范化、闭坑矿区生态化。在矿产资源开发全过程，既要严格实施科学有序的开采，又要把对矿区及周边环境的扰动限制在环境可控制的范围内。绿色矿业是一种可持续矿业，指的是既能为当代人提供物质资源，又不影响当代人和后代人的生存环境与可持续发展的矿业。绿色矿业要解决两个主要问题：一是矿产资源的合理开发与节约利用；二是良好的矿山生态环境的重建。

绿色矿业是未来矿业发展的方向和趋势，是构成生态文明建设的重要内容。云南省全面贯彻落实六部委《关于加快建设绿色矿山的实施意见》；紧紧围绕生态文明建设总体要求，将绿色发展理念贯穿于矿产资源规划、勘查、开发利用与保护全过程，逐步引领带动传统矿业转型升级；坚持问题导向和创新驱动，着力补齐矿业发展短板，努力构建科技含量高、资源消耗低、环境污染少的绿色矿业发展新模式，引领带动传统矿业转型升级，正在走出一条资源安全与生态保护相统筹、矿山建设与绿水青山相协同、企业发展与人民意愿相一致的绿色矿业发展新路子。

发展绿色矿业，建设绿色矿山，关键在企业。企业必须做到"四个坚持"：一是坚持绿色发展理念。发展绿色矿业的理念，贯穿于矿山生产建设的始终，即从矿产勘查、矿山规划、建设、开采、选冶、加工，直至矿山闭坑、土地复垦和生态环境恢复重建全过程。二是坚持依法办矿。要在依法取得矿业权和依法维护矿业权的基础上，严格遵守《中华人民共和国矿产资源法》《中华人民共和国环

境保护法》《中华人民共和国循环经济促进法》等各种法律法规，真正依法办矿。三是坚持科学规划与管理。要制订矿产资源合理开发利用、建设、经济发展和矿区环境保护总体规划，做好勘查、开采、选冶、加工、土地复垦、环境治理与生态环境重建等各阶段工作的规划，以及资源综合利用和循环经济发展规划等，并建立相应的管理机制和制定相应的保障制度、措施与管理办法，确保规划的全面实施。四是坚持科技进步与创新。要重视科技创新与技术改造，不断淘汰落后的技术设备与落后的产能，自主研制并尽可能采用世界先进技术、工艺和设备，不断提高企业生产能力和生产效率。要把土地复垦和生态建设作为矿产资源开发中的重要任务，努力做到边开采、边复垦、边恢复生态环境，减少矿区及周边区域土地资源、水资源、林草资源等生态资源的损失破坏。

完善绿色矿山建设标准，规范绿色矿山创建工作。结合云南省实际，细化《国家级绿色矿山基本条件》，针对不同规模、不同矿种、不同开发阶段的矿山提出相应的绿色矿山建设标准。构建完善的、切实可行的考核指标体系，有效指导绿色矿山建设工作。建立绿色矿山建设管理办法，促进绿色矿山建设可持续发展。

建立和完善绿色矿山建设管理办法，协调各级政府、矿山企业和社会多级联动，加强政府的引导作用，规范绿色矿山建设的申报、审核、监督、管理、奖励和约束工作，有效推进绿色矿山建设工作。

（二）绿色矿山建设成效明显

建设绿色矿山、发展绿色矿业，已成为云南省转变矿业发展方式、实现矿业经济可持续发展的重要抓手，并已纳入云南省第三轮矿产资源规划。依据《全国矿产资源规划》提出发展绿色矿业的具体要求，截至2015年12月，云南省共有28个国家级矿山试点单位，其中金属矿山 17 个，非金属矿山 11 个；大型矿山 13 个，中型矿山 10 个；国有企业 16 个，股份有限公司 6 个，有限责任公司 5 个，中外合资经营企业 1 个。

云南磷化集团有限公司是目前中国最大的现代化露天磷矿采选和磷化工企业、国家重点磷化工企业、国家磷复肥基地配套磷矿采选生产基地，是首批"国家级矿产资源综合利用示范基地""国家级绿色矿山单位""云南省清洁生产合格单位"，先后荣获"全国土地复垦先进单位""全国环境保护先进单位"及"云南省环境保护、绿化造林、环境优美矿山先进单位"等称号。所属 4 个主体矿山昆阳磷矿、海口磷业（合资）、晋宁磷矿、尖山磷矿被国土资源部评为"国家级绿色矿山"并通过正式验收，实现了绿色矿山全覆盖。至今，累计投入复垦植被资金 2 亿多元，植树造林 2.5 万多亩，可复垦植被面积土地复垦率达到 94%。"十二五"期间，复垦植被投入资金 1.5 亿元，复垦植被 1 万余亩。

结　语

2013 年 5 月 24 日，习近平总书记在主持十八届中央政治局第六次集体学习时强调，要清醒认识保护生态环境、治理环境污染的紧迫性和艰巨性，清醒认识加强生态文明建设的重要性和必要性，以对人民群众、对子孙后代高度负责的态度和责任，真正下决心把环境污染治理好、把生态环境建设好，努力走向社会主义生态文明新时代，为人民创造良好生产生活环境。2017 年 7 月 26 日，习近平总书记在省部级主要领导干部专题研讨班发表重要讲话，强调要牢牢把握我国发展的阶段性特征，牢牢把握人民群众对美好生活的向往，坚定不移推进生态文明建设，推进美丽中国建设迈出重要步伐。云南作为我国自然生态条件优越的省份，牢记习近平总书记关于生态文明建设的系列讲话精神和考察云南时发表的重要讲话精神，深刻认识肩负的国家生态文明建设排头兵的历史使命，坚持"绿水青山就是金山银山"理论思想，深刻认识自己在生态文明建设中存在的问题和不足，走绿色发展之路，努力把生态环境优势转化为发展优势，在走向社会主义生态文明新时代中再创新的辉煌。

走向社会主义生态文明新时代中，深入贯彻习近平总书记倡导的"坚持树立尊重自然、顺应自然、保护自然的生态文明理念"。生态文明建设的前提是要掌握生态环境问题演变规律，在深入认识规律的基础上探寻解决问题的手段和举措。生态环境问题往往具有三个重要的特点：一是积累效应。无论是环境污染，还是生态破坏，这些环境变化都是逐步发展的，一开始并不被人们所察觉或重视，如不能尽快制止就会不断积累，可能出现不可逆转的后果，这就是积累效应。分析和掌握这个转折点，对树立底线思维十分重要。二是滞后效应。生态破坏和环境污染引起的后果往往要经过一定的时间后才显现出来，这就是环境问题的滞后效应，它往往使人们在发展中有时将环境问题忘诸脑后；同样，滞后效应也导致当前的生态建设和环境保护未必马上产生效果，从而在调动治理和保护的积极性方面存在困难。分析和掌握这个特点，对树立警醒意识很重要。三是放大效应。环境变化并不是线性增加的，而是加速发展的，局部的环境污染和生态破坏引起的后果将在全局中表现出来，从而产生更大的危害，这就是放大效应。分析和掌握这个特点，对树立系统意识很重要。生态环境保护是一个长期任务，要久久为功。尊重规律，按规律办事，才能使生态文明建设走向健康发展的道路。

走向社会主义生态文明新时代中，尽快缩小云南有限的保护能力与巨大的生态责任之间的差距。发展不足、发展滞后是云南作为边疆民族省份的重要特征，保护不够、保护乏力是云南作为承担国家生态战略任务的省份面临的自身能力有限的困惑。同时，云南需要保护的区域与可以发展的空间高度重叠，生产生活易引发环境问题，尤其是目前生态补偿驱动保护的机制还不成熟，生态环境保护的内在市场机制还没有形成，保护和发展之间的矛盾在一些地方、一些领域还普遍存在，解决这些问题，既需要云南自身努力，也需要全社会高度关注云南，共同努力。2015 年中央政府出台的《生态文明体制改革总体方案》文件中，特别强调了"健全资源有偿使用和生态补偿制度，探索建立多元化补偿机制，逐步增加对重点生态功能区转移支付，完善生态保护成效与资金分配挂钩的激励约束机制"。云南在根据自身的特点着力打造和完善资源有偿使用和生态补偿制度的同时，积极争取国家生态补偿财政转移支付，提高云南保护独特生态资源的能力和水平。为此，研究和建立自然资源资产价值核算体系，正确评估生态系统服务价值和自然资源资产价值，全面评价云南为全社会提供的生产产品和生态服务的价值，按照"贡献与补偿"相一致的原则，努力在公益林生态补偿、资源枯竭型城市的政策补偿方面取得新进展，充分应用国家的制度安排和政策机制提高云南自己的保护能力。习近平总书记指出："良好的生态环境是云南的宝贵财富，也是全国的宝贵财富"，"良好的生态环境是最公平的公共产品，是最普惠的民生福祉"。当云南为全社会提供了大量的公共产品时，也需要全社会共同努力来维护能够产生普惠福祉的生态环境。

走向社会主义生态文明新时代中，把生态优势转化为绿色发展优势。生态优势是云南最大的资源优势，习近平总书记的"两山"理论深刻阐释了生态和经济之间的关系，如何把生态优势转化为绿色发展优势，是云南努力的方向。按照优质、高效、生态、安全的要求，云南发挥自身气候、资源、生物多样性及科技等方面优势，积极发展高原特色现代农业，打造"丰富多样、生态环保、安全优质、四季飘香"的靓丽名片，实现农业增效、农民增收、农村繁荣的目标；牢记习近平总书记"加快推进能源生产和消费革命，增强我国能源自主保障能力"的总体要求，发展巩固好云南水电、风能等清洁能源产业。为推进生态文明建设与产业发展良性互动,云南省加快构建绿色低碳产业体系,推进循环经济发展,构建能源节约型社会,保障水资源可持续利用,加强土地资源节约集约利用,以此推进产业优化升级,提高资源利用效率,既拉动当前经济增长,又增强可持续发展后劲,在谋求人与自然和谐发展中取得新突破。

走向社会主义生态文明新时代中,通过绿色发展实现跨越发展,努力成为生态文明建设排头兵。围绕市场导向和资源禀赋,构建生态工业体系,提升生态农业体系,创建生态服务业体系,把云南打造成为西部绿色转型发展的实践区;积极围绕国家生态战略对云南的定位——我国西南生态安全屏障和生物多样性宝库,通过构建"两屏三带"的生态安全格局,推动区域生态红线的保护和建设,勇于担当保护生态环境和自然资源的责任,构建国家生态屏障先导区;坚持"生态立省、环境优先"的发展战略,按照"五位一体"总体布局把生态建设融入经济建设、政策建设、文化建设、社会建设各方面和全过程,以调整优化产业结构、大力发展可再生能源、推进绿色循环低碳试验试点、促进资源节约高效利用、强化生态保护和环境污染治理、培育生态文明理念、加强制度和基础能力建设为重点,大力推动绿色发展、循环发展、低碳发展,构建节约资源和保护环境的空间格局、产业结构、生产方式、生活方式,努力把西南边疆建设成为经济繁荣发展、自然环境优美、人民安居乐业、民族和睦的生态云南,在成为国家生态文明建设排头兵的进程中谱写新篇章。

蓝图已经绘就,号角已经吹响。云南生态文明排头兵建设,就是全面贯彻落实习近平总书记对云南"三个发展"定位的重托,主动服务和融入国家生态战略,加大环境治理力度,持续加强水、大气、土壤污染环境综合治理，保证生态环境质量总体优良，保障国家西南生态安全屏障的功能持续提升；通过创兴林富民大业、扬七彩云南文化，努力把云南省建设成为生态系统更加完备、林业产业更加发达、森林文化更加繁荣、人与自然更加和谐的"森林云南"；通过产业结构优化调整和全面的节能减排措施，单位国内生产总值能源消耗、二氧化碳排放以及能源消费总量得到全面控制，生态环境质量保持全国领先；在云南全社会生态文明观念牢固树立，节约资源能源和保护生态环境的体制机制更加完善，符合云南资源环境承载力要求的产业结构体系基本形成，生物多样性宝库和西南生态安全屏障更加巩固，成为全国生态文明建设排头兵。

后 记

谱写中国梦云南篇章系列丛书由中共云南省委宣传部牵头组织，云南省社会科学院、中国（昆明）南亚东南亚研究院具体负责实施。

《生态文明排头兵建设》一书，由云南大学暨云南省生态文明建设智库、云南省环境科学研究院、云南省环境科学学会、云南省社会科学院具体负责实施。编写过程中，得到了云南省各相关部门的大力支持。参加的部门有：省政府研究室、省发改委、省教育厅、省科技厅、省环保厅、省农业厅、省扶贫办、省旅发委、云南出版集团等。云南大学党委书记杨林教授、校长林文勋教授对本书的编写给予工作保障，并纳入到云南省高原山地生态与退化环境修复重点实验室、高原山地退化环境与生态修复云南省创新团队的工作中。

本书由段昌群担任主编，李唯、吴学灿担任副主编。除主编和副主编外，担任本书编委的还有：杨雪清、刘嫦娥、张星梓、朱海春、张志明、冯逆光、付登高。参加本书写作的主要人员，除编委外还有：李俊梅、周琼、肖迎、陈丽晖、徐晓勇、高伟、雷冬梅、侯永平、何锋、曾熙雯、晏司、梁建辉、钟敏、董志芬、李颖、汤旎、黄羽、李赟等。在编写中，刘嫦娥、高伟、李俊梅等承担了大量的编务工作。

参加本书编写咨询和审读工作的有：何祖坤、马勇、郑维川、张瑞才、贺圣达、向翔、郭家骥、陈利君、苏文华、杨烨、盛世兰等。

编　者

2017 年 9 月